大腦升級2.0

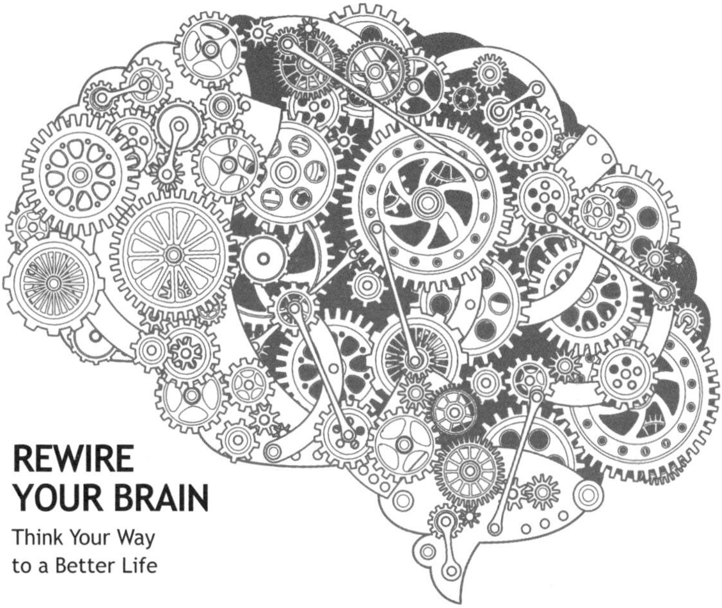

REWIRE
YOUR BRAIN
Think Your Way
to a Better Life

鍛鍊!!!更強大的自己

重新連結
你可以
更聰明更健康
更積極更成長

約翰‧B‧雅頓
John B. Arden——著

黃延峰——譯

前言

將神經科學應用到個人生活中

近幾年，不論是《時代週刊》（*Time*）或《新聞週刊》（*Newsweek*）都刊登了許多神經科學新進展方面的專題文章。電台節目和報章雜誌中都在探討神經可塑性、鏡像神經元（mirror cells）、新生神經元和社會腦的概念。神經科學的發展已經大大影響了我們對心理治療本質的理解。很多人都希望可以更了解這些新進展如何應用到現實生活中。

本書建立在神經科學和實證療法最新進展的基礎上，實證療法已經被證明是效果最好的治療方式。我寫的《成人的大腦基本論疾病治療》（*Brain-Based Therapy with Adults*）和《兒童和青少年的大腦基本論疾病治療》（*Brain-Based Therapy with Children and Adolescents*）是給同業補充新知的專業書籍，都是我和朋友兼同事洛伊德·林福德（Lloyd Linford）合著的，討論了如何將神經科學和實證療法所取得的進展應用於治療上。本書則是一本實用指南，說明經實證研究的一系列原則，能幫助你眞正地改變自己的大腦。本書將引導你如何讓大腦重新連結的每一個步驟，從而改變你的生活。如果不重新連結你的大腦，你將無法改變思維。

有時，我們會感到焦慮或情緒低落。你應該學會如何應對常見的焦慮，縮短這些感覺出現的時間，從而盡情地享受生活。你也應該學習如何養成健康的習慣，以延長大腦的壽命，擺脫自我束縛，讓你的生命獲得最大的活力。

本書的每一章都探討了神經科學某個重要部分的進展，並且描述了如何將它們應用到個人生活的哪個領域。

在第一章，你將會了解到神經科學領域已經發生的重大變化，包括神經可塑性的發現，它可以被概括成「同時啓動並連結的神經元」。你將了解習慣是如何養成的、如何養成更多好習慣及摒棄壞習慣。因爲你的大腦總是在神經之間生成新的連結，並且切斷那些當時不使用的連結，所以你應該學會如何開發和促進那些支持好習慣的連結，並切斷那些支持壞習慣的連結。ＦＥＥＤ這個詞可以幫助你記住重新連結大腦的四個步驟：**聚焦（Focus）**、**努力練習（Effort）**、**輕鬆自如（Effortlessness）**和**堅持不懈（Determination）**。透過這些步驟的練習，你就能夠「培育」自己的大腦，並實現本書其他章節描述的重新連結大腦後的種種改變。

在第二章，你將了解到大腦中的杏仁核（amygdala），它會讓你產生不必要的恐懼。杏仁核會發出虛假的警報，因此它會受到額葉（frontal lobes）的監督。你也將了解交感神經系統和副交感神經系統之間的平衡，它們可以幫助你在必要時活躍起來，隨後恢復平靜。我還將解釋實證療法中的暴露法，以及「慢速通道」和「快速通道」這兩個構想，然後就「如何避免虛假的警報」提出確實可行的建議。你將學會如何讓大腦中的杏仁核平靜下來，以便能夠勇敢地面對生活，並且保持旺盛的生命力。

在第三章，你將了解到左額葉的不活躍與憂鬱症相關，它的活躍則與減輕憂鬱的情緒和培養積極的心態相關。我將會闡述「行爲激發」（behavioral activation，實證療法術語）和「認知重組」（cognitive restructuring，認知行爲療法術語），這兩種方法能夠改變大腦左額葉的「偏好狀態」（attractor state，神經動力學術語）。我也將解釋「光線」如何影響你的生物化學特性和情緒，以及你應該如何保持積極的心態並樂觀地享受生活。

在第四章，你將學到記憶技巧，透過重新連結大腦，就可以提高記憶力。幾千年來，人們發明各式各樣的記憶法，你可以將它們更新改造以增強自己的記憶力，你還將學到效果顯著的記憶技巧。

在第五章中，你將學習如何確保自己的大腦發生恰當的生物化學反應，使腦細胞之間可以相互溝通，進而保持心平氣和、精力充沛和專心致志的狀態。除了攝取適當的胺基酸、維生素和礦物質外，你還需要適當的必需脂肪酸，以維持細胞膜的柔韌性和靈活性，從而確保神經可塑性的實現。

在第六章，你將了解到運動和睡眠在重新連結大腦與神經元新生方面，發揮了重要的作用。運動是啓動神經可塑性和產生神經元的神經化學機制的最有效方式之一。你還將了解到睡眠在記憶中扮演的角色，以及如何獲得健康的睡眠週期。心理神經免疫學（psychoneuroimmunology）融合了思維、大腦和免疫系統等學科，我將對這個綜合學科中令人激動的領域進行解釋，並且告訴你如何擁有健康和富活力的生活。

在第七章，你將了解到社會腦方面的研究。這個系統包括鏡像神經元、梭狀神經元（spindle cells）、眼眶額葉皮質（orbital frontal cortex）和前扣帶迴（anterior cingulate）。我將描述這些神經系統如何幫助人們建立關係和發揮同理作用。研究結果顯示，那些維持著積極社會關係的人壽命更長，對自己的生活也更滿意。你還會學習到如何擴展人際關係，並充滿活力。

在第八章，你將了解到有哪些因素可以增強自己的適應能力，以及即使困難重重也能朝氣蓬勃地面對生活的能力。你也將學習到如何將年齡變成一種收益而非損失。透過充分發揮大腦的能力，你能夠獲得聰明才智，眼界會更加開闊，在晚年時仍充滿智慧。在當今社會，消極心態和重視物質利益在某些地方大行其道，而來自積極心理學的概念，比如樂觀主義和積極關注健康的渴望，爲消極心態和重視物質利益的問題提供了一個解決辦法。另外，惻隱之心和獨立的心態，也爲不必要的緊張和痛苦找到了解決的途徑。生活之路總是充滿坎坷；迅速恢復活力的能力和開放的心態，能讓你重新連結大腦、獲得靈活性，以應對豐富而複雜的生活。

在第九章，你將了解到注意力、前額葉皮質（prefrontal cortex）和你的心態，能發揮使人鎭定但不乏活力的作用。冥想可活化副交感神經系統，進而增強抗壓能力，讓人心平氣和。你將學到如何謹愼地展現自己的能力，以及與他人和所處環境保持溝通交流的能力。

目次

Chapter 4 強化你的記憶力 131

Chapter 5 大腦最需要的營養素 163

Chapter 6

運動與好睡眠讓大腦更強健

Chapter 9

用正念冥想提升注意力 319

參考文獻 346

Chapter 1

活化大腦神經細胞的連結

Firing the Right Cells Together

腦科學領域正在掀起一場革命。不久前，人們還認爲人出生時的大腦與去世時的大腦是一樣的，而且出生時的腦細胞數量是一生中腦細胞數量最多的時候。人們認爲，大腦是按照既定的方式與功能被固定連結在一起，但現在已經有證據證明這是不正確的。大腦不是固定連結的，經驗證實它是「機動連結」（soft-wired）的。

過去，人們普遍認爲基因決定了我們的思想、情感和行爲。在一九八〇、一九九〇年代，報紙上到處都是遺傳學如何預先決定了我們一生經歷的報導，也有關於同卵雙胞胎被不同家庭撫養卻有相同的性格，並偏好同一種色彩的報導。流行文化將這些故事視爲「基因固定連結的力量」存在的證據。

如今，神經科學方面的研究告訴我們，大腦具有相當大的可塑性。從出生開始，大腦在人的一生中不斷被實際經驗所改變，它一直在發生變化。事實上，新的腦細胞在不斷生成。基因決定了人的潛能及弱點，但它不能支配你的思想、感情或行爲。事實證明，行爲不是嚴格限定下的產物，你甚至可以用自己的行爲來控制基因狀態的「開關」。

《成人的大腦基本論疾病治療》和《兒童和青少年的大腦基本論疾病治療》是我寫給專業人士看的，旨在幫助他們指導病人如何重新連結大腦，這兩本書建立在這些新研究結果的基礎上。本書主要在解釋你要如何應用這些研究結果和神經科學的新發現。我將解釋及描述以下的領域，並且闡述它們如何與你的生活產生關聯：

- 神經可塑性
- 新生神經元
- 社會系統，比如鏡像神經元
- 營養神經科學

神經科學領域的新發現，指出了人類如何發揮潛能及克服弱點的方向。我將要闡述如何運用這些發現來重新連結你的大腦，從而讓你感覺心平氣和、積極主動。你可以提高集中精神、面對挑戰、達成目標和獲得快樂的能力，更重要的是具備這兩種能力：保持鎮定和積極的心態。

學會保持平和的心態，意謂著不再那麼緊張，也不那麼焦慮，以及不容易產生壓力。如果這些心態沒受到控制，大腦中的幾個部位就會引發過度激烈的反應，產生不必要的緊張、焦慮和壓力。在本書中，我將描述如何重新連結這些部位。結論是：定期訓練思考、感知和採取行動的能力，將能重新連結你的大腦，並且使你感到內心平靜和精神集中。

神經科學的新發現使我們得以更了解大腦的運作原理，以及如何重新連結與其他部位失去平衡的大腦。大腦失衡的表現，若非過於活躍，就是缺乏活力。我將講解當你感覺沮喪、失去信心和只看到生活的陰暗面時，大腦的某些部位會如何試圖變得過於活躍或缺乏活力。事情並不像看起來的那樣清晰明瞭，半滿的玻璃杯很容易被看成是「半空」的狀態。我將描述如何活化必須接受控制和保持平衡的那部分大腦區域，從而使得你對自己的生活保持積極的心態，（至少）看到裝有一半水的玻璃杯時要將它看成「半滿」的。你將學會平靜地面對壓力，以及在感到憂鬱時重振精神。你也會學到如何增強記憶力、建立良好的人際關係，以及在晚上睡一個好覺。所有這些都需要重新連結大腦，才能使你的心態更平和，做事更積極主動。

大腦的運作原理

爲了重新連結你的大腦，要做的第一件事就是了解大腦的運作原理。大腦的任務就是對你周邊的世界做出反應並與之發生關聯。我們早已不再爭論「先天或後天」這個老話題了，現在我們專注於「培養天性」。由於你的大腦不是「固定連結」，而是眞正的「機動連結」，所以你的人生經歷在培養天性方面發揮了重要的作用。

大腦的重量只有一．三公斤，卻是人體最發達的器官之一。它擁有一千億個神經元以及更多的支持細胞，它們的數量彷彿銀河中的星體那麼多。

讓我們從大腦的結構說起。神經元在名爲模組（modules）的大腦區域中聚集在一起，這些模組有：皮質（外層，包含兩個半球）、四個葉和皮質下模組。

人們曾經就兩個半腦的特性進行過大量的討論。「右腦人」據說更富有創造性，甚至比「左腦人」更靈活。「左腦人」被描述成較爲刻板、嚴厲和吹毛求疵。這種討論始於一九七〇年代，現今仍然存在，但是許多曾支持此流行觀點的人早已拋棄它了。事實上，在你做所有事情時，兩個半腦都在工作。大腦中名為「胼胝體」（corpus callosum）的纖維束，將這兩個半腦連接在一起。它的作用是聯繫同時啓動但相距較遠的神經元，使你能更深入地思考自己所做和所想的每件事。

女性胼胝體的密度比男性的還要大，這意謂著女性的兩個半腦可以更均衡地工作。女性的大腦較為對稱，男性的大腦較不對稱；男性的右額葉要比左額葉大，左枕葉（位於腦後部）也比右枕葉要大。

男人和女人都是用右腦處理視覺及空間資訊，從而得以捕獲「全景」。右腦對場景和情境的概況給予較多的關注。相比之下，左腦更擅長處理細節、分類和線性排列的資訊，比如語言。當你學習新東西時，右腦更為活躍。一旦知識變得容易理解或者透過努力變得熟悉後，左腦的作用則更大。這就是語言由左腦處理的原因。

右腦與皮質下方的大腦區域聯繫較密切，因此就其本性而言，它更富有感情。換句話說，它較能理解談話中所表達的情緒。因為女性左右腦之間的連接比男性更好，因此女性被公認具有更強的直覺。和男性相比，語言對女性來說通常更富有情感意義。

每個半腦都含有額葉、頂葉（parietal lobe）、顳葉（temporal lobe）和枕葉（occipital lobe），它們有著各自的特殊功能。例如，當你在評價一個特定的物品，如朋友家的椅子，你對椅子的想法和感覺就會傳至大腦。藉助右頂葉，你記住了這把椅子美觀的造型；藉助左顳葉，你記住了朋友描述的，他到哥斯大黎加旅遊的話語；藉助右顳葉，你對他的語調進行了分析處理；在離開房間時，你留意了椅子的背面，藉助枕葉，你記住它是黃褐色的。

女性顳葉的神經密度較高，而顳葉在語言方面具有特殊的功能。這種用語言表達的優勢在人剛出生的頭兩年便開始顯現，通常小女孩比小男孩大約早六個月會講話。在發展語言能力的過程中，女性會比男性更頻繁地啓動左海馬迴（left hippocampus，大腦中與記憶相關的部分）。男性一般在視覺和空間方面有更強的能力，因爲他們右海馬迴的活動能力比女性強得多。

神經科學取得革命性進步的最新成果是在「額葉」方面，它的體積占人腦的二〇%左右。相比之下，一隻貓的額葉只占其大腦體積的三．五%左右。額葉是人類大腦發育最慢的區域，有時甚至要等到三十歲時才發育完成。

在額葉的最前端是「前額葉皮質」，它賦予我們許多關於認知、行爲和情感的複雜能力。前額葉皮質確保你會依據道德體系採取行動，讓你把自己的需求放到一旁而去滿足其他人的需求。前額葉皮質是發揮移情作用的系統之一。如果你的前額葉皮質受到損傷，就可能做出反社會和衝動的行爲，或者一些沒有任何目的的行爲。

前額葉皮質的一個基本組成部分是「背外側前額葉皮質」（dorsolateral prefrontal cortex），另一個重要部分爲「眼眶額葉皮質」，它正好位於眼球的後面。

背外側前額葉皮質與高級思維、注意力和短期記憶高度相關，短期記憶又被稱爲「工作記憶」（working memory），因爲背外側前額葉皮質要處理你在任何時候所做的工作。通常，它可以將正在做的某些事情存在大腦中二十至三十秒。背外側前額葉皮質是大腦中最後一個發育完全的部位，也是人在晚年時最先衰退的大腦區域。正因如此，你可能會有目的地走進一個房間後卻忘記了自己要做什麼。背外側前額葉皮質與複雜問題的解決相關，因此它與海馬迴保持著密切的聯繫，海馬迴可以幫助你記住事情，以備不時之需。

相比之下，眼眶額葉皮質似乎與大腦中處理情感的區域關係密切，比如由杏仁核產生的那些情感。眼眶額葉皮質在人生的早期就已經發育完全，並且與所謂的「社會腦」有緊密的聯繫。沒有了眼眶額葉皮質，你將會像典型醫學案例中的費尼斯・蓋奇（Phineas Gage）一樣。在一次工地事故中，一根鐵棒穿過蓋奇的大腦，刺穿了他的眼眶額葉皮質，卻沒有傷及大腦的其他部位。蓋奇的認知能力依然存在，卻喪失了抑制衝動的能力。從前他是一個備受尊敬的監工，但後來他變得情緒不穩定、偏執、粗魯、難以相處，與他先前低調不張揚的性格大相逕庭。迫於無奈，蓋奇最終只好以馬戲團的雜耍表演維生。在受傷二十年後，他身無分文地過世於舊金山。他的頭蓋骨現今仍陳列在哈佛醫學院的博物館裡。

眼眶額葉皮質的發展與人際關係密切相關。如果人際關係是相互信任及支持的，眼眶額葉皮質在調節情緒方面的能力就會更好。與背外側前額葉皮質相比，眼眶額葉皮質在人們年老時不會衰退得很明顯。老年人跟中年人一樣，都會記得他人的模樣。

左前額葉皮質和右前額葉皮質的功能並不同。右前額葉皮質有利於培養長遠的眼光，以及在一個既定情形下把握正在發生之事情本質的能力。它可以幫助你制定計畫，保持總體目標的方向和路線不變，並且理解暗藏的含義。如果有人說：「麥可・菲爾普斯（Michael Phelps）是一條魚。」你能準確地理解他談論這個奧運游泳健將的眞正含義，因爲你的右前額葉皮質在發揮作用。相對而言，左前額葉皮質則幫助你關注比賽的細節，比如足球比賽的下半場一共進了多少球。

神經元和神經遞質

在所有這些葉、半腦和模組之間，有一千億個神經元隨時待命。它們聚集在一起，如果不能透過與鄰近神經元協同工作來發揮作用，它們就會死亡。每個神經元都有能力與大約一萬個其他神經元保持連結，這些連結會隨著你學到的新東西而改變，比如打網球時一個新的揮拍動作、一種新語言或一家新超市的陳列布置。

神經元的功能，部分依賴於化學作用，部分依賴於時斷時續的脈衝放電來啓動。神經元之間會透過發送「神經遞質」（neurotransmitters）這種化學信號，跨越突觸（synapse）的間隙以進行交流。這就是一個神經元啓動另一個神經元的方法。大腦中存在著六十多種神經遞質，有些會讓你興奮起來，有些會讓你心情平靜。突觸有許多不同的形狀和大小，會隨著你學到的新東西而改變。

有兩種神經遞質承擔了大腦中八〇%左右的信號傳遞：使你興奮並能激發活躍性的麩胺酸（Glutamic acid）和具有抑制作用並能減弱活躍性的γ－胺基丁

酸（γ-aminobutyric acid, GABA）。麩胺酸在大腦中就是一個做苦力的角色。它在兩個原來沒有聯繫的神經元之間傳遞信號，爲之後的活動注入能量。這種聯繫保持活躍的時間愈長，這些神經元之間的連結就愈強固。與此相反，γ-胺基丁酸讓你在必須冷靜時安靜下來，它的作用相當於某些藥物，比如樂平片（Valium）和安定文（Ativan），這兩者都是治療焦慮症的特效藥。你需要用γ-胺基丁酸的活性來抑制焦慮情緒，但你不需要吃藥，對此我會在第六章進行闡述。

雖然麩胺酸和γ-胺基丁酸是主要的神經遞質，但還有其他遞質在大腦中發揮重要作用。它們的活動在神經元之間只占一小部分，但對那些神經元的影響力卻很大。人們對它們進行了廣泛的研究，並發明許多藥品以便對它們施加影響。

人們對血清素（serotonin）、去甲腎上腺素（norepinephrine）和多巴胺（dopamine）這三種神經遞質的研究最多。因爲它們能改變受體的敏感度，讓神經元的效率更高或者引導神經元產出更多的麩胺酸，有時被稱爲「神經調節物質」（neuromodulators）。透過一邊運作，一邊覆蓋進入突觸的其他信號，它們還能幫助減少大腦中的「雜訊」。然而，有時它們也會增強其他信號。這三種神經遞質能像麩胺酸和 γ－胺基丁酸那樣直接採取行動，或是針對突觸中正在處理的資訊流進行微調。

由於百憂解（Prozac）等藥品的廣泛使用，讓血清素受到人們的許多關注。血清素對於調節情緒基調和許多不同的情緒反應，具有一定的作用；它的含量低，與焦慮、憂鬱甚至強迫症都有關係。

血清素就像一個交通警察，有利於保持大腦的活力處於可控狀態。我們通常會聽到那些服用百憂解等藥品的人說：「事情不再像過去那樣讓我心煩了。」然而，不利的一面也是存在的，這些藥品通常讓人如此平靜，以至於人們會說：「過去，夕陽的美景會讓我很感慨，但現在我對它無動於衷。」

去甲腎上腺素有增強注意力的功能，會使影響知覺、覺醒和動機的信號更強烈。就像血清素一樣，去甲腎上腺素也與情緒和精神沮喪有關，例如低落美（Ludiomil）和維斯塔（Vesta）這些藥品的作用就是要達到這樣的功效。

多巴胺有助於提升及加強注意力。它也與獎勵、運動和學習相關，而且它是對愉快的情緒進行編碼的主要神經遞質之一。當要表達愉快的情緒時，多巴胺會啓動「伏隔核」（nucleus accumbens），有時這個區域也被稱爲「愉快中樞」。伏隔核的啓動被認爲與吸毒、賭博和其他成癮行爲有關。當這一區域被頻繁啓動時，就很難讓啓動它的行爲停下來。

啓動多巴胺的藥品常被用來治療注意力不足過動症（attention-deficit/hyperactivity disorder, ADHD），比如利他能（Ritalin）。服用利他能或類似藥品的人通常是兒童和青少年。服用這些藥品後，他們不但注意力比過去集中，心情也比原來更平靜了。

神經的可塑性

近二十年來，大量證據顯示了突觸不是固定連結的，而是總在變動中，這就是突觸可塑性或神經可塑性的含義。神經元之間的突觸是可塑的。

神經可塑性使得增強記憶力成爲可能的事。我將會用一章的篇幅描述增強記憶力的方法。而此處的要點是，當你記憶新東西時，大腦就會改變它的突觸。如果是固定連結，大腦將記不住任何新東西。因此，在記憶新事物時就要重新連結大腦。透過在想法或圖像之間製造關聯，就能將那些爲想法和圖像進行編碼的不同神經元連結起來。

神經可塑性證明了「用進廢退」的道理。當你連結上再現某項技能的突觸時，就是在強化這項技能；而當你使其處於休眠狀態時，就是在弱化那些連結。這就像如果你停止運動，肌肉就會變得鬆弛那樣。

「同時啓動並連結的神經元」恰如其分地描述了，大腦在你擁有新經歷時的重新連結方式。如果你愈常採用一種特殊方式做事、用特殊口音講一些詞語或者記住某些往事，這些經常因此而同時啓動的神經元之間的連結就會更加強固。神經元同時啓動的次數愈多，將來它們同時啓動的可能性就愈大。

就像「同時啓動並連結的神經元」變成神經科學的口頭禪一樣，與其相反的一句話「分別啓動則分別連結的神經元」也應運而生。這代表了，沒有同步啓動的神經元，就不會連結在一起。這是神經科學對遺忘現象所進行的解釋。

換句話說，如果你做某件事情的次數愈多，做得就愈熟練。這就是棒球員爲什麼要練習打擊，高爾夫球選手爲什麼要去練習場，以及鋼琴家爲什麼要連續練習彈奏幾個小時的原因。思考的道理也是一樣。你想到姑姑的次數愈多，她就會愈常在你的腦海中顯現，一次又一次。「重複」將重新連結你的大腦，並且養成習慣。

若神經元經常同時啓動，那麼它們將來就會以更快的速度同時啓動。因爲用來進行一項特殊技能的神經元數量更爲精準，也就能促進效率的提升。例如，當你在學習騎自行車時，因爲搖搖晃晃，最初會使用較多的肌肉和神經元。之後，一旦你的騎車技術有了進步，肌肉做出的貢獻就會減少，所需的神經元數量也會減少，騎起車來就會更順暢，速度也會更快。那些同時啓動的神經元已經集結成群，並且同時連結。

隨著你在某項特殊技能上表現出更多才華，大腦就會爲其留出更大的空間。哈佛醫學院的阿爾瓦羅．帕斯誇爾—利昂（Alvaro Pascual-Leone）利用穿顱磁刺激法（transcranial magnetic stimulation, TMS）測量皮質的特殊區域。他研究了閱讀盲文的盲人，發現他們用來「閱讀」的手指的皮質圖，比其他手指的皮質圖大，也比普通閱讀者的手指皮質圖大。換句話說，他們用來閱讀的手指的敏感度，要求大腦騰出更多的空間。因此，這種帶有培育性質的動作就強化了神經可塑性，能在大腦中創造出額外的空間。

還有另一個表現神經可塑性力量的案例。研究人員對彈奏弦樂器的專業音樂人士進行了測試，以便觀察他們的大腦是否擴展出更多空間以進行重新連結。感覺運動帶（sensory motor strip）是大腦中控制運動和身體感受的區域，對弦樂器演奏者和普通人進行比較，發現慣用右手的演奏者大腦中，控制右手手指的感覺運動帶的空間大小與普通人無異。然而，慣用右手的演奏者大腦中，控制左手手指活動的區域卻與普通人有明顯的差異。對於專業音樂人士來說，左手必須敏捷和靈巧到可以做出所有的彈奏動作。那些專業音樂人士的大腦中，控制演奏的手指的皮質空間要比非專業音樂人士的大很多。如果專業音樂人士在十二歲之前便開始彈奏樂器，這種差異將達到最大。換句話說，儘管這種依賴練習的神經可塑性是在成年時期發生的，但如果彈奏樂器的人開始彈奏的時間較早、時間更長，這種差異就會大得驚人。

不僅行爲可以藉助神經可塑性來改變大腦結構，就算只是思考或想像某種行爲，也能改變大腦結構。例如，研究人員已經證明，只是想像一連串的鋼琴彈奏動作，也會促進大腦中與彈奏鋼琴的手指運動相關區域的神經可塑性。因此，光是心智練習就可以引發大腦的重新連結。

神經可塑性與長期增強效應

當細胞之間的興奮感被延長時，就會產生「長期增強效應」（long-term potentiation）的過程，它使細胞之間的連結得到強化，將來更容易同時啓動。因此，長期增強效應持續的時間較長。

實質上，長期增強效應透過重新建構神經元的電化學（electrochemical）關係，加強了神經元之間的連結。在突觸的發送端，興奮性神經遞質「麩胺酸」的存量增加了，受體端則被重新建構以便增加接收能力。在靜止狀態下，受體端的電壓升高，從而吸引了更多的麩胺酸。如果這些神經元之間的啓動狀態持續進行，爲了替基礎結構增加更多的「組件」並加強連結，神經元內部的基因庫將被打開。

腦源性神經營養因子（brain-derived neurotrophic factor）在神經可塑性和神經元新生中，具有最重要的作用，它屬於增強腦細胞的蛋白質家族。有證據顯示，腦源性神經營養因子是用來幫助建構、培育和維持「細胞電路」的基本結構。這是今天神經科學研究最熱門的領域之一，描述其神奇功能的文章已有上千篇。當它被應用於細胞時，會促進細胞的發育，這種現象一度被很多人稱爲「神奇的成長」。當研究人員把腦源性神經營養因子塗到培養皿中的神經元上時，效果立竿見影。那些神經元長出了新的分支，這與它們在腦中學習和發育期間的表現幾乎一模一樣。

腦源性神經營養因子有多種方式可展現它神奇的一面。它可以在細胞內發揮作用，活化那些能夠增加蛋白質、血清素，甚至更多腦源性神經營養因子分泌的基因。它與突觸的受體緊緊結合在一起，產生可提高電壓的離子流，並反過來強化神經元之間的連結。總之，腦源性神經營養因子能夠防止神經元受到損傷而死亡，促進它們的成長，並增強它們的活力。腦源性神經營養因子是被麩胺酸間接啓動的，並可使大腦內部的抗氧化物和保護性蛋白增多。它刺激了長期增強效應的產生，而長期增強效應是神經可塑性的基礎。

長期增強效應和腦源性神經營養因子之間會同步促進。對多種動物大腦進行過研究的人員已經揭示，透過學習刺激長期增強效應，可以提高腦源性神經營養因子的濃度。當研究人員從大腦中去除腦源性神經營養因子後，大腦也會喪失長期增強效應的能力。

「使用」會加強連結，「不使用」則會削弱它們之間的連結，那些不能透過聯繫而得到加強的舊連結，將逐漸消失。

長期增強效應機制旨在加強神經元之間的連結，以便你保存記憶。但同時，大腦也需要一些可以幫助它忘記的機制。長期抑制效應（long-term depression）可以在摒棄壞習慣方面助你一臂之力。（注意，長期抑制效應與憂鬱的情緒狀態，沒有任何關係。）長期抑制效應會幫助你減弱那些支持壞習慣的神經元之間的連結。舊連結的弱化，能讓你得到更多有效的神經元，有助於你透過長期增強效應建立新連結。

爲了理解這個過程，設想一下你學習語言的年齡是否影響了口音。如果你是在二十歲時學習一種新語言，在講新語言時，你帶有母語口音的可能性會相當大。然而，如果你是在九歲時學習一種新語言，說話時可能就不會摻雜母語的口音了。當一個成年人在學習一種新語言，嘗試發出一個與母語不同卻又有關聯的聲音時，就會同時啓動那些總是會連結以產生特定發音的神經元。

你與口音不同的人交談得愈多，就愈有可能弱化自己的口音。例如，我父母都在波士頓長大，在我出生幾年之後，全家都搬到西部。在與從美國各地搬來的人及本地人說話的過程中，我父母逐漸改掉了波士頓口音。

當你形成了新觀念或新見解時，大腦就會發生變化，這個變化的速度遠比你學習新語言或改掉原來口音的速度還快。大腦的某些部分在快速收集資訊方面相當有天賦，針對一件事情，你不用仔細考慮幾小時或一天就能做出決定。

梭狀細胞（spindle cells，又稱「梭狀神經元」）的發現，使人類可在瞬間做出有效決策的能力受到了關注。人們在大腦中的扣帶迴皮質處發現了大量的梭狀神經元。這些神經元可以將分散的資訊快速且有效地連結，在其他物種中還沒有發現這種連結方式。梭狀神經元在你的思想和情緒之間搭建了一個獨特的介面。同樣地，它會幫助你提高注意力和自我控制的能力，讓你在情緒激動的情況下，靈活做出快速又能夠解決問題的決策。

然而，如果參與的梭狀神經元數量太少，它們的作用就很有限了。換句話說，你必須透過學習新資訊和形成新才能，以便爲重新連結大腦打下基礎。透過整合那些已構建好的神經網絡的資訊，你才能獲得快速做出決策的能力和洞察力。

梭狀神經元和鏡像神經元

梭狀神經元是反應極為迅速的一類神經元。研究顯示，與其他物種的大腦相比，人類大腦中梭狀神經元的數量更多。人類大腦中的梭狀神經元數量，是與我們最相似的近親（類人猿）所擁有的梭狀神經元數量的一千多倍。許多學者把這一點視為人類能夠進行快速判斷的原因之一。這些神經元的命名，源自於它們看起來像一個紡錘，一端為大球狀物，另一端有著長而厚的突起。同時，因為它們比其他神經元大三倍左右，較長且厚，所以人們相信它們讓快速反應成為可能，有益於快速做出判斷。

梭狀神經元的位置，以及它們與社會腦區域的連結，顯示出它們在社交互動、情緒和治療中的重要性。梭狀神經元有豐富的突觸受體，可以接收多巴胺、血清素和抗利尿激素（vasopressin），它們在情緒中發揮著作用，因而也影響到情緒體驗和親密關係的形成。它們在扣帶迴皮質和眼眶額葉皮質之間形成連結。

扣帶迴皮質的前部包含了許多梭狀神經元，這些梭狀神經元與大腦的各個組成部分連接在一起，並參與社交行爲。

假設你正在去紐奧良度假的路上，聽到收音機報導說卡崔娜颶風將要襲擊這座城市。你的梭狀神經元會立即展開行動，於是你決定改變旅程去休士頓。來到休士頓之後，你聽說有幾百個受災群眾正被送往太空巨蛋體育場，於是決定拿出幾天假期，在那裡的食品賑濟處擔任志工。這些決定全都是在複雜和情緒緊張的情境下，所做出的快速判斷。多年以後，你也許會認爲這是你收穫最大和最值得回憶的一次假期。

每次你想起這個故事，某種突觸連結就會得到加強，而另一些突觸連結則被削弱，這要根據你對某些細節的記憶情況而定。當你談論起導致你改變行程去休士頓的那些事件時，故事將會被改寫；同理，你的大腦也發生了改變。你的朋友可能會談到政府糟糕的應對措施，而這些記憶會形成其他的突觸連結。每次你在心裡回想這個故事時，實際上就是在重新連結大腦。

在大腦深處有兩個結構與記憶有關。一個結構是杏仁核（amygdala），因爲形狀如杏仁，而以拉丁文的「杏仁」（amygdalon）來命名。杏仁核會被強烈的情緒狀態（比如害怕）所激發，並且會對接收到的資訊，賦予不同的情緒強度。一個非常有魅力的人看你一眼或者老闆的怒視，都可能激發杏仁核，它的作用相當於一個應變開關。

另一個結構是海馬迴（hippocampus），源於希臘文的「海馬」，也是因爲其形狀與之相似。研究人員最近發現，在海馬迴中會有新神經元產生，或稱「神經元新生」（neurogenesis）。以前，科學家認爲神經元新生是不可能發生的。在大腦的某一部分中發現了保存新記憶的新生神經元，彰顯了增強記憶力對重新連結大腦的重要性。

海馬迴和杏仁核，分別與兩種不同的記憶有關，即外顯記憶和內隱記憶。當你嘗試想起昨天的晚餐吃什麼、要記住下一次牙科約診，或者想起站在飲水機旁一個面熟女士的名字時，就要用到外顯記憶。它涉及資訊片段：事實、資料和詞語。人們經常抱怨自己記性不好，其實就屬於這種類型。

內隱記憶通常被視爲「無意識記憶」，它會對事件和情境的情緒強度做出反應。當處境暗藏危險時，它會啓動你體內的恐懼系統，這通常被稱作「戰鬥或逃跑反應」。

這個警報系統是自動啓動的，你還來不及思考，它就發出警報了。幾千年前，當我們的祖先遭遇像獅子這樣的肉食性動物時，最好的辦法就是迅速逃命，而不是傻站在那裡打量獅子，欣賞牠的威風，或者好奇為什麼獅子要來打擾而不是去追捕美味的羚羊。因此，通往杏仁核的快速通道，讓我們的祖先得以存活下來。

讓你活躍的交感神經系統，和讓你平靜的副交感神經系統之間的平衡，使你具有了靈活性。我將在第九章對此進行詳細描述。這些系統與晝夜節律（circadian rhythm）、營養、運動、放鬆和冥想的共同作用，能夠幫助你獲得平和的心態及積極的精神。

如果你沒有去休士頓，那麼故事會是另一種樣子。你可能感到憂心忡忡，發了瘋似的一直開車往北，想避開這場傾盆大雨。在某個地方，你因為看不清前方的道路而把車停到路邊。一根樹枝砸在車上，你變得更焦慮。幾個月後，在一次暴風雨中，你心中又湧起一陣不安。你不知道為什麼會有這樣的感覺，但你的杏仁核記得相當清楚，因為它激發了你的海馬迴和大腦皮質，使你想起逃離卡崔娜颶風的那一天。

杏仁核激起了你的恐懼，在它的作用下，你將車停靠在路邊，但它也導致你從此對暴風雨過於敏感。問題在於，當你不必感到害怕時，這個恐懼系統也會被啟動。換句話說，當恐懼系統應該關閉時，有時也會被打開。第二章將告訴你抑制杏仁核的方法，以便在你需要保持平心靜氣時，使它不會有過度激烈的表現。

額葉在協調大腦其他部位的資源上具有重要作用，它們有時被稱爲「執行大腦」或「執行控制中樞」。額葉將決定你做什麼、如何保持積極性，以及如何享受生活的全部。積極性和活躍性將幫助你重新連結自己的額葉。

眼眶額葉皮質和大腦中的一些其他部位，構成了所謂的「社會腦」，這個神經元系統依賴於社會交往。當這些神經元被有效地活化時，你會擁有健康的心理。第七章將描述社會腦網絡的優勢。

出生後與父母朝夕相處所形成的親密體驗，將對社會腦產生影響。你後來建立的社會關係，將對那些神經連結進行修正。積極的關係將增進你的幸福感，消極的關係則爲你帶來截然相反的感覺。

我們知道，影響神經系統的化學物質（比如催產素〔oxytocin〕）被用於接生嬰兒以及增進親密關係，我們也知道這些物質在以後的生活中，會對親密關係的建立產生積極的作用。催產素濃度較高，可幫助人們減輕疼痛感，並且讓我們感受到來自其他人的關愛。正因爲如此，催產素又被稱爲「擁抱激素」。

近期關於鏡像神經元的研究顯示，大腦的部分區域對其他人的舉動和意圖極爲敏感。鏡像神經元讓你可以映照他人，或者想都不用想就能體會他們的感覺。例如，當一個朋友打呵欠時，你有沒有發現自己也會跟著打呵欠？從本質上來講，鏡像神經元表現了大腦的同理作用。

在卡崔娜颶風之後，你之所以到休士頓的太空巨蛋體育場幫忙，就是因爲你的鏡像神經元對被疏散者產生了同理。

鏡像神經元賦予人類一種建立社交關係，繼而健康生活的能力。孤獨症患者的鏡像神經元，通常數量較少或功能失調。最近有人提出，鏡像神經元系統積極參與了你與自己及其他人的關係。例如，你在太空巨蛋體育場的食品賑濟處做志工，當人們對你表示感謝時，你會感覺很好。

有些研究人員提出，透過鏡像神經元系統體驗同理和同情，就相當於憐憫你自己。因此，「給予就是獲得」是腦神經的一條眞理。從根本上來說，感覺遲鈍和自私自利，對你的大腦與心理健康都是有害的。相比之下，同情和關愛，更有益於你的大腦與心理健康。

鏡像神經元系統也被視爲大腦中參與冥想和祈禱的部分。冥想或祈禱的平靜和精神集中的練習，將使大腦網絡連結起來，有益於健康。

最近，許多神經科學家探索了冥想和祈禱對大腦的影響。研究中，有多年靜修經驗的西藏僧侶，在某種形式的冥想過程中接受了功能性磁振造影（fMRI）、正子斷層造影（PET）和其他技術的檢查。幸虧有這些研究成果，我們得到了靜修者的大腦圖像。我們知道，專注的大腦能夠促進健康和幸福，透過正念冥想重新連結大腦，你就可以從中受益。我在第九章會解釋如何做到這一點。

重新連結大腦的四個步驟

現在，你已了解大腦如何運作，接下來讓我們關注使大腦重新連結的一套系統性方法，包含以下四個步驟：

- **聚焦（Focus）**
- **努力練習（Effort）**
- **輕鬆自如（Effortlessness）**
- **堅持不懈（Determination）**

爲了幫助你記住這些步驟，可以使用首字母縮寫，簡稱「FEED法」。

現在，我們來逐一解說這些步驟。

聚焦

你需要對自己想重複或記住的情境、新的行爲及記憶，加以關注。「關注」會使你的額葉活躍起來，大腦的其他區域也跟著忙碌起來。你也許會將這一步驟視爲警示機能。如果不打開大腦的「大門」或做出改變，你就不能重新連結大腦。「聚焦」將啓動大腦，使其運行起來。

注意力和額葉在神經可塑性方面扮演著重要角色，前額葉皮質相當於大腦中的大腦。它能夠把資源引導到重要的方向上。當你啓用自動駕駛模式時，比如當你開車行駛在公路上，並與坐在副駕駛座的朋友交談時，你的注意力都放在談話上。你會記住談話的內容，而不是沿途的樹和房子。然而，如果你談論的是路邊景色，注意力就轉移了，你將記住旅途中的地貌詳圖。如果你在以後的日子裡談論起旅途的這些細節，就強化了這些記憶。如果你之後不再談論這些細節，不把注意力放在這上面，這些記憶就將逐漸淡化。

因此，簡單地集中注意力，不能保證你的大腦能夠重新連結。你每天要關注千萬種事物，但大腦不可能記住你經歷的所有事情。「聚焦」將使你關注正在發生的事情，並啓動大腦重新連結的流程。

努力練習

努力練習將使你的注意力從「感知」轉移到「行動」上。要盡最大努力使大腦活躍起來，從而產生新的突觸連結。當你開始付出努力時，爲了學習新東西，大腦要消耗大量的葡萄糖。近二十年來，神經科學家們透過研究正子斷層造影的掃描結果，以及所掌握的大量資料發現，當某人正在思考或認知某事物時，葡萄糖的新陳代謝會導致大腦的某個部位發亮。當你首次嘗試要做什麼事情時，掃描圖片會顯示你的大腦中與任務相關的區域正在發揮作用。

輕鬆自如

在一個新行爲、新想法或新感覺出現之後，若要保持它的運轉，只需投入較少的精力。譬如學習一個新的網球揮拍動作或用一種新語言打招呼，剛開始時，它需要你的大腦集中精力、多做練習，會消耗較多的能量，但是在你多次練習擊球和說出「你好」之後，做起來就變得省力多了。因此，爲了達到重新連結大腦的目的，你必須使新行爲保持足夠長的時間，直到新行爲變成下意識的動作。練習一段時間後，你做起來就會輕鬆自如。一旦達到這個程度，大腦就不必辛苦運作。

身體和大腦都遵從自然法則，而適用於「輕鬆自如」概念的自然法則，被稱爲「能量守恆定律」（Law of the Conservation of Energy）。它意謂著事情之所以會發生，通常是因爲它比較容易發生。例如，所有的水都往低處流，溪流愈深，裡面的水量就愈多。你的大腦同樣如此，你愈常同時使用某一類型的腦細胞，將來你就愈有可能再同時使用它們。

正如正子斷層造影的掃描圖片顯示的那樣，一個人的某種技能愈熟練，大腦中與此技能有關的區域所付出的勞動就愈少，它成爲效率基本原則的一個例證。容易做到的事將被重複做，因爲它很容易。

一旦你開發出一種模式，比如網球的擊球動作或用適度的聲調說法語的「你好」，它會在下次你嘗試時變得相對容易。然而，如果你不再練習，結果會怎樣？如果你在十年之內不去打網球，就無法立即做出擊球動作。如果你在上法語課的十年後再去法國，你的法語將不會像在課堂上說的那樣流利。當然，除非你在這十年中不斷練習。你必須經常練習，以保持此項能力。只要你堅持做這些事情，網球就能打得很好，法語程度也可以提高。只要你堅持練習，大腦就會保持連結，你行動起來就會顯得輕而易舉。

堅持不懈

最後一步是繼續實踐，反覆練習。以這種方式堅定不移地走下去，不要厭煩，也不要感到痛苦。如果你在走到這一步之前，已經實踐了前三個步驟，最後一步就容易多了，因爲前面一步是「輕鬆自如」。因此，堅持不懈只代表你要持續練習。只要下定決心，你將完成FEED法的整個流程。

現在你已了解這四個基本步驟及原則，接著，我們來看一看如何將它們應用到日常生活中。在第二章，我將探討如何應對焦慮、不必要的擔心或害怕。在第三章，我會告訴你如何擺脫低落情緒的困擾。

接下來的故事說明了「承諾」對積極進行大腦重新連結有多麼重要。這可不是簡單地學習一種新技能，它還要符合我們描述過的FEED法流程。

案例分析：鬱鬱寡歡的瑪莉

瑪莉來看我時，說她對自己鬱鬱寡歡的狀態感到心煩，而且她「總是發脾氣」，喜怒無常，容易緊張。當她開始感覺到這種狀態時，就很難擺脫了。

「我想成爲一個積極主動的人，像其他人那樣享受生活。」她憂傷地搖著頭說：「我聽說你知道如何重新連結大腦，請你幫我重新連結大腦吧。」

「你願意爲了改變大腦而付出努力嗎？」我問道。

「不管是什麼，只要有用，爲什麼不做呢？」她堅持說：「我討厭嘗試那些騙人的鬼把戲，說得很好聽，卻從未奏效過。」

「當你嘗試新事物時，能堅持多久？」我試探道。

「久到知道它不管用。」她倒是實話實說。

我小心翼翼地進一步問她到底是多久。

「一、兩天就夠了。」她說，那似乎能證明她付出了巨大的努力。

我解釋說，爲了讓神經可塑性發揮作用，特別是對與情緒有關的問題產生效果，她必須堅持新行爲，一直到能輕鬆自如地做到。「你必須堅持練習，直到它成爲一個新習慣。」我告訴她：「一開始是關鍵，這通常意謂著你要做自己不願意做的事情，並且要持續地做，直到它變成一件容易的事情爲止。」

「你的意思是，要強迫我去做有違自己本性的事情？」她懷疑地問：「這有點不近人情吧？」

「事實上，它很人性化。」我答道：「這樣你才能學到新的技能。就像你在準備考試時，會不斷地複習資料，直到對它們爛熟於胸。」

「我只要在考試前一晚抱佛腳就萬事大吉了。」瑪莉告訴我：「我通過了那些課程的考試，這才是我在乎的。」

「你還記得我們談話的主題是什麼嗎？」我問道。她搖搖頭表示不知道。我讓她選擇一個她想打破的習慣。

「我的家人說我煩躁易怒。」她自己也承認這一點。

「你覺得這很糟糕嗎？」我想知道答案。

「當我發脾氣時，我認爲我對他們說的都是他們應該承受的。」她解釋說：「只是後來我才發現自己明顯是在胡說八道，我不應該這樣。」

「重要的是，你要有這樣的認識：**你**眞的想改變，而不是你的家人希望你改變。」我強調說。「動機」是神經可塑性的一個關鍵要素。除非**你**眞的想改變，否則你是不會改變的。被動的努力不能解決問題。只有當「前額葉皮質」這個大腦中的大腦被啓動時，才會調動起所有的資源。

「是的，我目前的狀況讓我很厭煩。」她一本正經地說：「我已經下定決心了。」

「讓我們從你產生衝動的時間點開始。」我引導著她：「這正是你抑制衝動的時機。你應該先給自己時間想一想，做些別的事，再說你想說的話。」

對於瑪莉來說，第一步是阻止她正要做的事情，並且將注意力集中到她還沒有做出衝動反應的時刻。這一個「暫停步驟」，被用於訓練如何控制憤怒的情緒，但我們要深入下去，使瑪莉最終成爲一個不再有直接情緒反應的旁觀者。這需要前額葉皮質對杏仁核驅動的情緒反應擁有較好的控制力。爲了將注意力放在讓她發火的事情上，而不是她表達憤怒的方式，瑪莉的前額葉皮質必須制定出較好的適應性策略。

緊接著，瑪莉需要**努力練習**以克服她往常的衝動式言行。她需要採用一種與平時易怒的心態（先說後想）不同的行事方式，即學會「先想後說」。

瑪莉需要努力重複這種練習，直到她**輕鬆自如**就能做到。她要花幾週的時間重新連結大腦，聚焦且努力練習，直到輕鬆自如。幾個星期後，她對我說：「好了，我再也不用繼續練習了，我已經做到了。」

我告訴她，她還需要繼續**堅持不懈**地練習，以形成習慣，而不是偷懶和就此作罷。只有持之以恆，她才能重新連結大腦。

自我測驗

這個快速測驗將揭示阻礙你重新連結大腦的癥結所在。

1. 重新連結大腦時，重要的是做到什麼？

A 待在舒適圈裡。

B 做那些對你來說很自然的事情。

C 挑戰自我，改變行為，並且堅持下去。

D 等到有動力時再去改變。

2. 縮寫詞"FEED"代表什麼意思？它是讓你記住重新連結大腦之步驟的輔助方法。

A 感覺良好、深呼吸、興奮、發號施令

B 聚焦、努力練習、輕鬆自如、堅持不懈

C 失敗、參與、鼓勵、描述

D 隨意、不費力氣、娛樂、做少量運動

3. 如果你深受焦慮的困擾，最好做什麼？

A 逃避讓你焦慮的事，杏仁核將會平靜下來。

B 吃點藥使杏仁核變得麻木。

C 坦然面對所擔憂的事情。

D 讓家人保護自己免受壓力的侵擾。

4. 如果你情緒低落，最好做什麼？

A 躲開家人和朋友，想見時再去見他們。

B 拉上窗簾，待在屋子裡休息。

C 走出房間，做運動，並參加活動。

D 不遵醫囑，用酒精和甜食調整自己的情緒。

5. 當你想增強記憶力時，最好做什麼？

A 放鬆身心，以便有足夠的精力去記憶事情。

B 同時處理多項任務。

C 靠朋友幫你記事情。

D 集中注意力，產生聯想，重溫記憶。

6. 為了更容易重新連結大腦，你應該如何改善飲食？

A 吃大量的油炸食品、糖和加工食品。

B 每天吃三頓均衡的飲食，整天喝水來補充水分。

C 吃一頓可口的大餐，並且攝取大量的咖啡因以補充能量。

D 什麼都吃，避免飢餓。

7. 在老年時，增加認知庫存並延緩或預防癡呆症的最好辦法是什麼？

A 保持單調的日常生活，使你的心理緊張程度降到最低。

B 改變活動方式，學習新東西，並且與社會保持聯繫。

C 休息，並且遠離任何形式的緊張情緒。

D 晚上喝杯雞尾酒，並且反覆思考過去。

8. 養成可讓大腦更健康的五個習慣叫「播種」（planting SEEDS），"SEEDS"這個縮寫詞代表什麼意思？

A 安全、逃避、退出、距離、安撫

B 感覺、娛樂、神魂顛倒、心煩意亂、分心

C 窒息、結束、執行、做、阻止

D 社交療法、運動、教育、節食、睡眠保健

9. 為了重新連結韌性強的大腦，該怎麼做？

A 培養樂觀主義精神，給自己灌輸「緊張情緒是可以管理」的信念，並且挑戰自己。

B 把悲觀主義情緒當作自己的預設模式，因此對任何事情都不會感到吃驚。

C 無論如何，避免緊張情緒。

D 保存精力，以備不時之需。

10. 一個正念的大腦處於哪種狀態下？

A 思維閉塞，思想開小差，其他時間放空。

B 活在當下，盡情享受每一刻和每一種感覺。

C 不斷從當前的壓力和緊張情緒中逃離。

D 自命清高。

在後面的章節中，我會針對這些問題的答案進行詳細的解說。

解答

1.	C
2.	B
3.	C
4.	C
5.	D
6.	B
7.	B
8.	D
9.	A
10.	B

Chapter 2

馴服你的杏仁核，趕走焦慮

Taming Your Amygdala

珍由於害怕在衆人面前演講，前來尋求我的幫助。因爲老闆要求她介紹其所在部門開發的一條新產品線。她告訴我，她是這個項目的主要設計師之一，因此被選爲報告人。然而，她一想到要站在五十個人面前演講，就擔心自己會出醜。

我同意幫助她，並且承諾會讓她表現得更好——成爲公開演講的行家。一開始，她以爲我在開玩笑，但之後她便認眞起來。

珍有過幾次可怕的公開演講經驗，其中一次在她心裡留下痛苦的印記。當時，她被要求就大學課堂研究課題做報告。她記得，自己就像一隻在汽車前燈照射下的小鹿那樣，呆呆地站在同學面前，不知所措。之後，她便衝出了教室。

我告訴她，調查研究顯示，公開演講是人們普遍懼怕的場景之一。儘管她具有與這一類恐懼相關的全部壓力反應，她仍能學著調整自己，並讓這種恐懼煙消雲散。

我建議我們攜手合作重新連結她的大腦，使她克服對公開演講的恐懼。我需要將她的額葉訓練成對杏仁核擁有較大的否決權，這樣，她才能好好表達對新產品的想法和感受。

爲了重新連結大腦，珍首先需要將注意力**聚焦**在報告主題中令人愉快的面向，並且是她想與其他人分享的內容。這種注意焦點的轉移，使得她的額葉能參與這個過程，並幫助她擺脫站在衆人面前時那種無法抗拒的焦慮情緒。額葉的參與有利於增強重新連結大腦所需要的神經可塑性。

當我告訴她，聚焦的重要性和FEED法的其他要素時，她說：「我能注意到的就是那些人看著我結結巴巴地說話。」

我解釋說，在衆人面前演講時，她應該將注意力從自己的表現轉移到演講的主題上。這只是啓動額葉，以讓杏仁核保持鎭定的第一步，因爲杏仁核總是會對「害怕」反應過度。

由於珍是新產品的主要設計師之一，可以從她對設計的熱情入手。她需要**努力練習**將積極的熱情投入到眼前的任務中。透過在演講前練習向各式各樣的人描述這項產品，她得以保持巨大的熱情。這一努力能讓她的額葉發揮出更大的作用。

我請珍向我介紹一下這個設計專案。她在介紹時，顯得容光煥發，聲音充滿活力。我指出這一點。起初她感到很吃驚，然後說：「算了吧，這是因爲只有你一個人，而不是一群陌生人。」

「沒錯。」我回答道：「但是，你說的內容確實讓我產生了興趣，不僅是因爲你所描述的細節，還有你描述它的方式，都讓聽報告的人對主題產生了興趣。」

我要求她，在下次治療之前，要努力在家人和朋友面前至少練習五遍。當她再來就診時，便告訴我，每次的演講練習都對她有所幫助。

我提醒珍，這些人與她即將面對的電腦工程師不一樣。很明顯的，她成功地讓那些可能對演講主題一點也不感興趣的人，產生了興趣。每當她面對一個新人或幾個人演講時，都因爲先前的練習經驗而變得更從容。

在報告的前一天，當珍想到自己要站在一群陌生人面前時，經歷了一波預期性焦慮（anticipatory anxiety）。她將自己的注意力轉移到演講主題上，並想辦法激發那些在她練習演講時表現活躍的神經元網絡。她把自己對專案的積極感覺與平時的練習結合在一起，就能讓那些與專案相關聯的神經元產生連結。

她再次將自己的注意力轉移到對專案的熱情上，這使得她的演講能正常進行，她也採取了面對焦慮而非逃避的積極心態。這種努力是非常關鍵的，因爲將注意力集中在演講主題的同時面對焦慮，將使她得以突破障礙。她跟很多人一樣，只想著要逃避公開演講。結果，她的障礙變得更難以克服。現在她能夠突破這一障礙了。

在演講的最後一段時間，她已經進入狀況了。但這並非一種輕鬆自如的狀態，它還要一段時間才能實現。然而，她已經體會到公開演講比她想像的更容易。她的左額葉抑制了杏仁核。

演講結束之後，珍為自己克服了以往的恐懼而感到高興。她放下了過往的經驗，自信心隨之增強，沒有發生她擔心的丟臉情形更是讓她驚喜不已。她甚至還獲得了進一步的獎勵：由於對演講主題的良好掌控，得到了某些聽眾的稱讚。

當我們探討她的成功時，我建議她繼續練習演講。她的第一個反應是：「我已經達到目的了，為什麼還要冒險再次折磨自己呢？」我告訴她，為了重新連結她的大腦，讓她在以後的公開演講中不再恐慌，並且保持**輕鬆自如**的狀態，她必須**堅持不懈**地繼續練習。

出於這種考量，珍接受了再次報告專案的考驗。在那次的演講中，聽眾中有位電腦工程師問了她從沒有考慮過的問題。與以往不吭聲和採取守勢相反的是，她感謝他提出了一個好問題，並告訴他，之後會打電話給他。後來，珍確實興高采烈地打電話給他，說明她的答案。那位工程師的問題幫助珍的團隊對專案做出了重大改善。於是，向聽眾講解專案變成了搜集有用資訊的途徑。

珍需要繼續堅持下去，以保持她在公開演講方面的優勢，並爭取更多的演講機會。不久後，上司就要求她在另一次會議上發表演講。儘管她對此很有心得，但她告訴我，她已經做得「夠多了」，想要拒絕這次的機會。但我提醒她，這可是分享她對專案的熱情及聽取聽衆有用想法的好機會。

未來還會有其他發表演講的機會，那些機會是她達到輕鬆自如地演講所需要的。透過下決心堅持做公開演講的練習，珍拆掉了心中的一堵牆，那就是與公開演講相關的焦慮。她成功地重新連結了大腦，因爲她甚至開始主動尋找公開演講的機會，以表達她對專案的熱情。

你可能不會成爲一名公開演講者，但我可以肯定的是，有一些事情你可能還沒有嘗試過，因爲你認爲它們不容易做到。你可能也會有一些想改掉的壞習慣和想培養的好習慣。你可以透過重新連結大腦，達成這些目標。

珍的故事反映出抑制杏仁核的一些要點。她努力用挑戰公開演講的方式來重新連結大腦，證明了在處理壓力和焦慮的問題時，以下幾點很關鍵：

- 過度焦慮經常來自錯誤的警報。
- 適度焦慮確實對增強神經可塑性有益。

- 你可以喚起副交感神經系統，從而使自己平靜下來。
- 從長遠來看，不逃避並盡可能面對事情，可以減輕焦慮。

關掉假警報，抑制戰鬥或逃跑反應

焦慮與恐懼有非常大的關係。珍就是害怕讓自己蒙羞並被他人嘲笑。如果你感到非常恐懼，就會拉響警報，焦慮隨之而來，比如呼吸短促、心跳加速、憂心忡忡。當警報解除，而且明顯沒有可怕的事情發生時，你可以說事後看來那是一個假警報。想要有效地處理焦慮問題，需要你關閉假警報或者使它不被拉響。

聽我講授焦慮相關課程的人經常說，當他們清楚了解自己的大腦正在想什麼時，對於控制自己的焦慮情緒就更有信心，關於有什麼壞事將發生在他們身上的不合理猜測，也被一掃而空。透過了解焦慮在大腦中是如何被引發的，你就可以掌控自己的焦慮。

接下來，讓我們從恐懼的中心——杏仁核說起。理論上，你的杏仁核和眼眶額葉皮質之間，維持著和諧的關係。對許多人來說，這種健康的關係基於幼年時充滿愛和照顧的親子關係，並且持續一生。

杏仁核除了為每一次的經歷設定情緒基調外，也具有應變開關的作用，無論遇到假警報或真警報，都會被啓動。這可能是由杏仁核和眼眶額葉皮質之間的關係造成的。當杏仁核過於活躍時，它能抑制住眼眶額葉皮質。然而，眼眶額葉皮質也能抑制杏仁核。我使用「抑制」而不是「關閉」來形容，是因為杏仁核是必不可少的。它的作用是使個體產生情緒反應，而不只是害怕。你不要試圖抑制它，相反的，你要讓它為你所用。

啓動杏仁核的基本途徑有兩種：慢速通道和快速通道。慢速通道要穿過皮質，這意謂在你感到害怕之前還能進行思考。這麼做有好有壞，好處是你能提醒自己這沒什麼好害怕的，壞處是你會對一些事情產生非理性的恐懼。

啓動杏仁核的快速通道，能夠促使你的交感神經系統展開行動，可能會同時或分別引起焦慮和恐懼。在你的皮質還不知道發生什麼事時，杏仁核就會拉響警報。這意謂著，在你思考什麼事情導致自己產生焦慮之前，已經**感到**焦慮了。在幾分之一秒內，杏仁核就可以使去甲腎上腺素在整個交感神經系統中激發出電脈衝，進而啓動腎上腺。這些腺體會釋放腎上腺素到血液中，使得你的交感神經系統產生波動，造成呼吸加快、心跳加速、血壓升高，這就是戰鬥或逃跑反應。

戰鬥或逃跑反應在野生環境中非常有用。所有的哺乳類動物都有這種自救能力。整個過程是從「凍住」開始的。你晚上開車行駛在鄉村道路上，看到一隻鹿站在路中央，瞪大眼看著你那輛快速駛近的汽車。這種情況下，鹿並不是嚇傻了，牠只是在做動物們已經做了幾百萬年的事——保全生命。當牠們聽到潛伏的捕食者靠近的聲音時，牠們會站住不動，以便有時間在捕食者還沒看清牠們之前先看清捕食者。因爲許多捕食者會尋找移動的物體，而突然站住不動是迅速隱藏自己的好辦法。一旦動物看清了捕食者所處的位置，就會繼續「戰鬥或逃跑反應」的下一個步驟。當鹿站住不動時，其實是在準備行動。儘管在我們看來，鹿沒做什麼事，但實際上，牠的身體正緊繃著準備戰鬥或逃跑。

正如鹿的反應一樣，腎上腺素可以加快心率和呼吸頻率，從而爲肌肉輸送更多的氧氣，爲身體的行動做好準備。腎上腺素與肌梭（muscle spindles）結合在一起，強化了靜止張力（resting tension），使肌肉能夠迅速做出反應。如果身體受傷，皮膚裡的血管會收縮以避免流血，而且消化系統會停止工作以儲存能量。唾液不再流出，口腔變乾燥，膀胱的肌肉鬆弛下來，不再浪費葡萄糖。

它們發揮作用的先後次序簡略描述如下：杏仁核向下視丘（hypothalamus）發出信號，下視丘負責許多新陳代謝過程並涉及自律神經系統，它向腦垂體發出信號後，腦垂體向腎上腺發出信號，釋放腎上腺素和皮質醇（cortisol）。這個連鎖反應被稱爲「下視丘—垂體—腎上腺軸」。

從神經化學的角度講，杏仁核內的去甲腎上腺素與「促腎上腺皮質激素釋放因子」（corticotropin-releasing factor）一起被傳遞至下視丘，下視丘向腦垂體發出信號，然後腦垂體透過血液向腎上腺發送一個慢速資訊，要它分泌皮質醇以應對緊張的情緒，皮質醇是一種比腎上腺素更能讓你保持長久興奮的壓力激素。在短時間內，皮質醇增強了多巴胺的功效，而多巴胺可使你保持警覺和活躍。然而，若皮質醇活躍的時間太久，就會對大腦和身體產生負面影響。如果皮質醇分泌過多且持續時間很長，多巴胺會耗盡，你就會感到很難受。

在短時間內，皮質醇的確很有用。但如果你遇到的壓力，是需要長時間的反應，而不是快速的戰鬥或逃跑反應，身體就需要製造燃料（也就是葡萄糖）。腎上腺素會立即促進糖原（glycogen）和脂肪酸的分解，但如果壓力持續的時間較長，就會由皮質醇負責這個工作。皮質醇是透過血液傳遞而作用的，效果會比腎上腺素慢一些。

與腎上腺素相比，皮質醇的工作更有系統性。它會促使肝臟在血液中製造更多可用的葡萄糖，同時阻止非必要器官和組織產生胰島素受體（其作用是幫助細胞吸收葡萄糖），那樣你就可以得到克服恐懼所需要的所有葡萄糖。皮質醇可以長期控制胰島素阻抗（Insulin resistance）的過程，胰島素阻抗則可為大腦供應一定濃度的葡萄糖。然而，你不會一直擁有大量的葡萄糖，所以皮質醇要為儲存能量而工作。它會將蛋白質轉化成糖原，並且儲存脂肪。如果壓力是長期的，增加的身體脂肪就會積存在腹部。如果你的上腹部逐漸突起，這可能是由於皮質醇正在努力地儲存能量。很不幸的，脂肪的這種儲存方式不是你想要的，最好透過運動消耗掉這種能量。

長期的壓力和高濃度的皮質醇，會讓大腦的幾個部位受到衝擊，特別是海馬迴。海馬迴中有許多皮質醇受體，在正常情況下，這有助於觸發皮質醇的關閉，就像恆溫器一樣，可以減少皮質醇的產生。然而，如果皮質醇過多或持續時間過長，海馬迴受體本身就會關閉，緊接著會萎縮，你的記憶力也會隨之減退。

不幸的是，杏仁核中發生了相反的過程，它將變得非常敏感，而不是持續萎縮。皮質醇的增加，會讓杏仁核變得更加敏感。從進化論的觀點來看，這是有意義的。因為如果我們的祖先受到了威脅，比如遇到危險的肉食性動物，他們需要非常警覺，並且不再考慮其他事情。

因爲杏仁核變得非常敏感，所以長期的壓力會讓你變得更神經質、更焦慮。正因爲如此，一個經歷過戰爭、患有創傷後壓力症候群的老兵，在聽到煙火的巨響後會趴到地上，並護住頭部。他還來不及思考這件事，煙火聲已使他想起了簡易爆炸裝置的爆炸聲和槍擊聲，於是杏仁核引發了戰鬥或逃跑反應，但這是一個假警報。

如果你經歷過嚴重的創傷或長時間的壓力，海馬迴和杏仁核的關係就會從之前的和諧狀態，變得更偏向於杏仁核。這是因爲當杏仁核活躍時，海馬迴會受到多餘的皮質醇和麩胺酸的攻擊。皮質醇和麩胺酸會使杏仁核興奮起來，而杏仁核愈興奮，就愈容易被激發。

由於海馬迴能爲你的記憶提供情境，但在前述的情況下，你所具備的全面公正地看待壓力事件的能力就會受到影響。與此相反，杏仁核是一個多才多藝的傢伙。當它興奮起來時，不會在乎情境，任何分貝很大的噪音都會引起戰鬥或逃跑反應。

就像皮質醇長期過量的存在對海馬迴具有破壞作用一樣，興奮性神經遞質麩胺酸的過剩也會有同樣的作用。最初，皮質醇透過在海馬迴中增加麩胺酸的傳遞，來激勵長期增強效應的產生，這具有進化意義，因爲當我們的祖先對某件事情感到有壓力時，比如靠近獅子巢穴等特別危險的區域，他們一定會記住它。然而，在現代社會中，這種趨勢會將我們禁錮到一種僵化或穩固的狀態中。你不可能忘記讓你感到有壓力的事情，並且麩胺酸的增加還會強化你的這些記憶。

正如過多的皮質醇有破壞作用一樣，過多的麩胺酸也會損害海馬迴，因爲鈣離子會爲了搶奪電子而進入細胞，從而產生自由基（free radical）。如果你的神經系統中缺乏足夠的抗氧化物，自由基就會亂竄，在細胞壁上穿出孔洞，使細胞破裂，並可能殺死它們。細胞上伸向另一個神經元的突起處，名爲「樹突」（Dendrites），它可以接收收集到的資訊。但在細胞破裂的情況下，樹突會開始萎縮，退回到細胞體內，思想和情緒就會變得更僵化及簡單。因此，你的決定可能帶來破壞性影響而不是建設性影響。

幸運的是，在假警報造成破壞之前，我們還是有辦法關閉它們。紐約大學的約瑟夫．萊登克（Joseph LeDoux）進行的開創性研究，宣導了一種可以達到這個目的的方法。萊登克已經證明杏仁核的中央核區域參與了害怕和焦慮所引發的滾雪球效應。中央核將「無威脅刺激」和「可能的威脅刺激」連結起來，這就是你會將「橋與死亡」或「陌生人與不友善」聯想在一起的原因。

然而，杏仁核中有另一部分能夠避開中央核，這部分被稱爲「終紋床核」（basal nucleus stria terminalis）。透過採取行動，你可以讓終紋床核活躍起來，並且遠離中央核及其在無威脅刺激和可能的威脅刺激之間的不當連結。

透過採取行動，你可以使左額葉活躍起來，從而減輕杏仁核的過度反應。右額葉的過度活躍可能讓人們罹患焦慮症。左額葉具有行動傾向，而右額葉具有被動和退縮傾向。此外，左額葉增進的是積極情緒，而右額葉增進的是消極情緒。

因此，你的大腦擁有關閉「戰鬥或逃跑反應」和「假警報」的能力。左前額葉皮質和海馬迴，可以共同抑制杏仁核，並且切斷下視丘—垂體—腎上腺軸之間的連鎖反應。採取行動和做些有建設性的事情，能夠打消那種由右額葉的過度反應所造成的、被壓垮的感覺。

學習管理壓力，而非逃避

大腦是葡萄糖的消耗大戶，因爲葡萄糖是爲大腦提供能量的「燃料」。儘管大腦只占人體重量的三％，卻消耗了人體可獲得營養的二〇％。然而，大腦無法儲存營養，所以它必須「現取現用」。大腦具有驚人的適應能力，會節約使用能量。因此，在壓力過大時，它不會對環境的細微差別進行分析，而是只關注迫近的壓力環境。當你感到有壓力時，不會去思考生活的意義而對這一壓力置之不理。相反的，你會全力以赴，努力弄清楚應該採取什麼行動。然而，有時這種從大腦的深度思維部位到自動和反射部位的轉移，可能導致你來不及細想就衝動行事。

當你被焦慮壓垮時，就會發生這樣的事情。在一種極端的情況下，比如你的恐慌症發作時，你可能會立刻奔向急診室，要求醫師治療你的心臟，但其實你並沒有心臟病，只是你自己這麼認爲而已。

壓力在生活中眞實存在，你無法避免，也不應該避免它。確切地說，你應該管理壓力並讓它為你的目標服務。如果你試圖逃避所有的壓力，那麼當你遭遇一次溫和的壓力，或者只是有這種可能時，你將感受到極大的壓力。某些壓力或焦慮，確實是有效的激勵因素。沒有一點小焦慮，你就不會準時展開工作、有效地完成工作，或者在速限範圍內開車。

正如珍所發現的那樣，溫和的壓力是有用的，並且可以被調控。為了記住重要的事件或情境，大腦需要一點壓力，你的任務是學習如何調控壓力。輕微的壓力有利於對記憶編碼，沒有壓力則意謂著沒有活力，或者你已經厭倦，變得漫不經心了，你將忘記現在經歷的事情。然而，太多的壓力會分散你的注意力，對學習沒有好處。

透過利用適度的焦慮，珍重新連結了大腦。她有過太多的焦慮和讓人不堪承受的過往，因此盡其所能地避免在眾人面前演講。但具有諷刺意味的是，這種逃避行為只會讓她的焦慮更強烈。

神經科學研究已經證明，適度的焦慮有益於神經可塑性。就這一點而言，過度焦慮或不焦慮都不好。因此，與其在焦慮面前退縮，還不如面對它並利用它。思考一下這個關於滑雪的比喻：站在滑雪板上向後傾斜，將增加摔倒的機會，但如果你稍微向前傾斜，即使是從一個很陡峭的坡向下滑行，你也可以好好地控制滑雪板。

你可以這樣想，若是對考前複習感到厭倦、過於自信或想偷懶，你就得做好不及格的心理準備吧。但如果對考試感到驚慌失措，也會讓你表現很差。在過度焦慮和不焦慮之間保持平衡，對於學習和記憶是最好的選擇。這種平衡關係呈「倒U形」曲線，學術上稱爲「耶基斯－多德森曲線」（Yerkes-Dodson curve）。倒U形意謂著，適度的刺激（如壓力和焦慮等），可以讓大腦保持警覺，產生適當的神經化學反應，這樣大腦就能茁壯成長，並促進神經可塑性和神經元新生。

應對壓力的有效方式，是盡量溫和地處理事情。當壓力達到適當的程度時，皮質醇、促腎上腺皮質激素釋放因子和去甲腎上腺素，就會與細胞受體結合，從而刺激興奮性神經遞質「麩胺酸」。當海馬迴中麩胺酸的活性適度增強時，資訊流就會相對增加，存在於突觸中的相關動力也會增強。對於神經可塑性來說，突觸具有關鍵作用。一則資訊在同一條線路上被傳遞愈多次，相同的信號就愈容易被啓動，所需要的麩胺酸也愈少，這將使細胞同時啓動並連結在一起。

重點是，你不應該試圖遠離壓力和焦慮，而是要學習管理它們。如此一來，大腦將獲得健康和活力，並增加神經可塑性。

活化副交感神經系統，讓身心放鬆

自律神經系統由兩個部分組成：交感神經系統和副交感神經系統。交感神經系統使你興奮，而副交感神經系統使你放鬆。在極端的情況下，交感神經系統會刺激下視丘－垂體－腎上腺軸，引起戰鬥或逃跑反應。

正如交感神經系統和副交感神經系統之間應取得平衡一樣，戰鬥或逃跑反應也有一個反平衡。哈佛大學教授赫伯．班森（Herbert Benson）將其命名爲「放鬆反應」，它是在副交感神經系統的作用下產生，會降低心率、減緩新陳代謝，並且使呼吸頻率減慢。

先前提及的「採取行動」原則能啓動終紋床核和左前額葉皮質，而這一努力將爲副交感神經系統在稍後讓你平靜下來鋪好路。

如果你罹患了創傷後壓力症候群，那麼由前額葉皮質和海馬迴所推進的、從交感神經系統向副交感神經系統的快速轉移，就不會發生得那麼快。杏仁核對你以前承受痛苦的創傷場景高度敏感，就像先前提到的被煙火嚇到的老兵。

表1：戰鬥或逃跑反應vs.放鬆反應

戰鬥或逃跑反應	放鬆反應
↑心率	↓心率
↑血壓	↓血壓
↑新陳代謝	↓新陳代謝
↑肌肉緊張	↓肌肉緊張
↑呼吸頻率	↓呼吸頻率
↑心理喚醒	↓心理喚醒

然而，即使是患有創傷後壓力症候群的老兵，也能抑制他們的杏仁核。

不同的呼吸方式，會促生不同的情緒狀態。當你焦慮時，呼吸頻率會加快；當呼氣太快時，腹部的肌肉會緊繃，胸腔也會收縮。

假如你的呼吸節奏很快，可能會有講話很快的傾向，不給自己喘息的機會，就像那些來上改善焦慮課程的人一樣。當他們一句接一句地講話時，就激發了自身的焦慮。由於呼吸節奏快和焦慮，他們會在一開始所談論的話題上「迷路」。過度焦慮會刺激記憶，也會刺激與產生焦慮性思維的神經網絡有關的反應模式。很快的，新話題就與更多的焦慮及擔憂糾纏在一起。

許多人在平靜狀態下的呼吸是每分鐘九至十六次；恐慌症發作時，呼吸頻率高達每分鐘二十七次。當你的呼吸加速時，就會出現許多與恐慌症相關的症狀，包括麻木、刺痛感、口乾和眩暈。

心血管系統包括呼吸系統和循環系統，急促的呼吸會導致心率加快，並讓你產生更多焦慮。如果你放慢呼吸節奏，心率也會放慢，你將變得更輕鬆。

想要學會放鬆，你需要努力培養一些新的習慣，比如呼吸的方式。因為恐慌最普遍的症狀之一是氣短，所以你必須學會不同的呼吸方式。在深度呼吸或呼吸太快時，你的大腦和身體內部都會發生實際的生理變化。

當進行深度呼吸時，你會吸入過多的氧氣，並降低血液中二氧化碳的含量。二氧化碳有利於維持血液中的臨界酸鹼度（pH值）。當pH值降低時，神經元變得更興奮，你會感到緊張。如果你將這種感覺與不能控制的焦慮連結在一起，它甚至能夠引發恐慌症。

二氧化碳的過度消耗，會導致一種特殊情形的發生——低碳酸血症鹼中毒（hypocapnic alkalosis），它會讓你的血液呈現偏鹼性或弱酸性。血管會很快就收縮，導致流向組織的血液減少。氧氣與血紅蛋白緊緊結合在一起，致使釋放到組織系統和四肢的氧氣也減少。矛盾之處在於，儘管你吸入了過多的氧氣，卻只有少量能到達身體組織系統。

低碳酸血症鹼中毒會導致頭暈眼花、眩暈、大腦血管收縮（這會讓你產生不眞實感）和末梢血管收縮（這會導致四肢產生刺痛感）。如果你容易恐慌發作，就會傾向於對那些生理感覺反應過度，甚至呼吸頻率會更快。

用暴露法取代逃避

當你逃避令你害怕的事情時，一個悖論就產生了，也就是這會使你的害怕不減反增。這是違反直覺的，因爲當你在短時間內逃避害怕的事時，「害怕」確實是減輕了。然而，在一個較長的時期內，這種逃避反而會使得焦慮的程度更嚴重。例如，假設你因爲害怕與陌生人交談，對參加晚宴感到焦慮不安，在短時間內，逃避晚宴會使你的焦慮有所減輕。然而，假如你一次又一次地逃避晚宴邀請，你就有麻煩了。你對那些晚宴的逃避，會進一步加劇你與陌生人交談時的煩躁不安，你的焦慮會更嚴重。

儘管逃避會讓你暫時感覺良好，但正確的作法是你要竭力與之對抗。我將其稱爲「挑戰悖論」，也就是用「暴露法」取代逃避。暴露法的意思是，直接面對讓自己感到焦慮的事情，不斷地將自己暴露在令你焦慮的情境面前，這樣你就會對它們習以爲常，你的焦慮最終也會減弱。

前文中提到的患有創傷後壓力症候群的老兵，也可以說明這一點。當這名士兵回歸平民生活時，他選擇逃避讓自己產生焦慮的情境。具有諷刺意味的是，他的焦慮變得更嚴重了。治療焦慮的方法，應該是直接面對引起焦慮的情境，才能抑制杏仁核。當他多次聽到煙火的響聲，卻發現並沒有不幸的事發生之後，他這種過於敏感的症狀就會得到緩解。過不了多久，他會開始將煙火看成是絢麗的禮花，而不是建築物的爆破，並慢慢地開始將隆隆巨響與娛樂活動連結起來。這個抑制過程，甚至在他的皮質（例如思考過程）沒有介入的情況下，也可以發生。但如果他開啓了思考過程，並對自己說：「啊，那些是華麗的煙火，沒有什麼好害怕的。」此時，他對於杏仁核的抑制就會更快。

導致焦慮產生的逃避形式有以下幾種：

- 逃避行為
- 迴避行為
- 拖延行為
- 安全行為

逃避行爲是指：你在焦慮發作的情況下所做的事情。本質上，你是爲了避免焦慮，決定逃離這個情境。假設你與一群人待在一個房間裡，並開始感到焦慮，從房間裡跑出去就是一種逃避行爲。然而，久而久之，你的焦慮更強烈了，因爲你對此事的容忍度降低了。如果你選擇逃避，而不是容許自己面對任何一點焦慮，最終將對令你焦慮的因素變得極爲敏感。這種現象被稱爲「焦慮敏感」（anxiety sensitivity）。

迴避行爲是指：你爲了逃避某個讓自己心煩意亂的經歷所做的事。假設一個朋友邀請你到她朋友家見面，你知道去她朋友家會讓你感到焦慮，於是你決定不去，這就是一種迴避行爲。造成的結果是，你的長期焦慮將會增強，因爲當你迴避讓自己感到焦慮的情境時，並未讓自己認識到那些情境實際上是可以忍受的。

拖延行爲是指：你將某事推遲，因爲你（錯誤地）認爲在壓力程度下做這件事會比較容易。例如，你打算去朋友家，但一直拖到最後一刻才動身。你等啊等，在等待的這段時間裡，你已經加重了自己的焦慮。你耐心地開導自己，認爲這種情況應該會拖延到最後一刻，因爲你在最終抵達前，確實會憂心忡忡、神經緊張。在一個引起你焦慮的情境面前退縮不前，焦慮會變得更嚴重。

安全行爲是指：用做事或搬東西的方法，使自己轉移注意力或者給自己一種安全感。假設你去了朋友家並開始感到心煩意亂，爲了防止自己變得更焦慮，你開始把玩手上的錶帶，以轉移自己的注意力，這就是一種安全行爲。安全行爲讓你堅持下去且不退縮，但是這種行爲最終會變成一種緊張性習慣，以至於即便是單純地面對引發你焦慮的事情，你也做不到。

所有這些形式的逃避都不能有效地處理焦慮，因爲它們會讓你愈來愈不習慣焦慮的情境。「逃避」會使得克服焦慮幾乎成爲不可能的事情。

因爲逃避的結果，是暫時降低了恐懼的程度，它具有短期增強劑的作用，所以讓人難以抗拒。你愈是逃避讓你焦慮的情境，逃避的方式就愈需要精心安排。要是逃避到了極致，你甚至可能會罹患懼曠症（agoraphobia），害怕離開你的家。一旦你開始逃避，就難以遏制。

「逃避」因爲以下幾個原因而難以避免：

- 在短時間內，逃避可以減少恐懼。
- 你愈是逃避，將來就愈難以抗拒逃避，因為它已經變成了習慣。
- 逃避有一個淺顯的邏輯，比如，為什麼不逃避讓我感到焦慮的事情呢？
- 從逃避中，你得到了額外的收穫，比如特別的關照，因為你周圍的人具有同情心。

由於選擇逃避的方式，你將激發大腦中的焦慮迴路。焦慮迴路會喚醒杏仁核，增加你的恐懼感，同時，杏仁核的過度活躍啓動了眼眶額葉皮質，眼眶額葉皮質會嘗試弄清楚你爲什麼感到焦慮。焦慮迴路的極端情況通常發生在患有強迫症的人身上，在這種情境下，焦慮具有了強迫性。

試圖擺脫焦慮的另一種方式可能是嚴格地控制焦慮，但實際上這樣做反而會加重了焦慮。由於每次都試圖控制焦慮，導致你陷入了一種模式，那就是總在想辦法預測未來，好讓自己遠離焦慮的**可能性**。於是，你煞費苦心地尋找各種逃避方式。當你預測**將要**發生的事情時，是在爲迎接也許不會發生的焦慮做準備。

你愈是退縮，愈會走投無路。一開始，你只是注意自己**知道**將會引起焦慮的那些事情，但不久後，你注意的將是**可能**引起自己焦慮的事情。你把自己限制在你確信不會引起焦慮的活動和情境範圍內。當你在一個自認爲無憂無慮的情境中遇到了一點點讓你焦慮的事情時，你就會開始準備以後要逃避**那種**情境。很快的，你的活動範圍明顯變小。隨著活動圈縮小，可能會引發你焦慮的事情就會增加。如果你的逃避走向極端，並且罹患了懼曠症，你就再也不會離開自己的房子了，因爲你會害怕發生在房子之外的任何事情。

簡而言之，逃避令你焦慮的事情會限制你的活動，這會使你更加焦慮，並採取更多逃避行爲，更多逃避行爲反過來又造成更多焦慮，從而引發更多逃避行爲。正如你看到的，這形成了一個惡性循環。

抑制杏仁核的關鍵在於打破這種惡性循環。你必須堅定信心，把自己暴露在過去讓你感到害怕的事情面前。如果堅持這樣做，你就能在變化的情境中靈活處事，適應能力也會不斷增強。透過將自己暴露於過去導致你焦慮的情境中，你就能學著讓自己恢復到良好的狀態，並習慣那種情境。

當你把注意力放在焦慮上時，一個悖論產生了：焦慮迴路會安靜下來。這種悖論常在患有強迫症的人身上出現。因此，如果你有過度焦慮的傾向，就不要去思考讓你感到焦慮的細節，只要觀察那個「焦慮」就好。這個方法被應用於正念冥想上，我將在第九章做出詳細解釋。

活化額葉，重建思維方式

藉助注意力和情緒調節的功能，額葉，尤其是它的前端——前額葉皮質決定了什麼重要、什麼不重要。海馬迴為所有與情境相關的記憶提供了場景。某天晚上，當你步行穿過公園時，餘光注意到一個縮成一團的人影，你馬上就會做好準備，以應對這個企圖行兇搶劫的人。你的戰鬥或逃跑反應加速運轉，顯示交感神經系統在運作。之後，前額葉皮質將你的注意力引向那個人影，海馬迴幫助你想起沿路灌木叢的樣子。仔細一看，你發現那個人影只是一叢灌木。你的前額葉皮質告訴杏仁核要平靜，並且關閉因壓力激素釋放而引發的下視丘—垂體—腎上腺軸的連鎖反應。

你用來描述每個經歷的語氣、語調和觀點，都會潛移默化地重新連結大腦。你愈是用一種特殊方式描述自己的經歷，與這些想法相關的神經迴路就會變得愈強。你的描述可以是積極的，也可以是消極的。例如，如果你發現自己不斷地想「這件事好難」、「我不知道我能否生存下去」或者「看起來結果很糟糕」，那麼你就需要重建自己的思維了。

你的描述受控於思維的三個基本層次：自動思維、假設和核心信念（Arden, 2009）。最上層是你的自動思維，它就像急速轉動的磁帶一樣在大腦中一閃而過。這種自言自語的形式，你整天都在用。你產生了各式各樣的自動思維，有些是有意識的，有些是無意識的。例如，當你面對一屋子的陌生人時，可能會說：「我不喜歡這樣。」或「不！我還得去認識那些人。」這些自動思維都會導致你焦慮；與此相反，你也可能會說：「啊，太棒了，能認識新朋友！這應該很有意思。」你的自動思維可以重新連結大腦，讓更具適應性的自言自語占據主導地位。

「假設」處於自動思維和核心信念的中間地帶，具有「翻譯」的作用。它不像核心信念有核心，也不像自動思維具有外在特徵。和自動思維一樣，「假設」透過反映眞實情況而不是焦慮來重新連結大腦。「假設」是認知行爲療法的一種方式，這種療法的目標是重建一個人的思維方式，以反映適應性和建設性的思想問題。例如，在一群陌生人裡，你可能說，「我不擅長與陌生人打交道」或「我有點靦腆，但我發現認識新朋友令我興奮」。

「假設」能夠幫助你處理核心信念方面的問題。核心信念是關於你和世界如何運轉的粗略概括。當這些信念與焦慮連結在一起時，它們就在心理上把你逼進了死胡同。所以，無論你做什麼，都要面對一個無法超越的挑戰——永遠無法完成的挑戰。

消極的核心信念會引發焦慮情緒。例如，你的核心信念是「我是一個受過嚴重傷害的人」或「我不具備取得成功的必要條件」。消極的核心信念會使你遠離任何希望或期望，而從焦慮中解脫。它們讓你因爲失去希望而失敗。例如，你可能會認爲「我沒有能力建立新的社會關係」，或者你可能有這樣的核心信念：「我是一個好人，如果其他人認識我，他們也會認同這一點」。

與調整自動思維和假設相比，重建核心信念是一個更加雄心勃勃的挑戰。然而，如果你在重建核心信念的同時，也重建自動思維和假設，那麼這兩個較淺層次的思維就能發揮出有效的協同作用。

Chapter 3

活躍左額葉，擺脫負面情緒

Shifting Left

梅根在經歷長時間的憂傷之後，前來找我。然而，她否認自己有許多與憂鬱症相關的症狀。她說：「當事情進展不順時，我會開始與他人斷絕交往，而且很難擺脫這種心理陰影。」她說自己蜷縮其中的「殼」是一個「陰暗且充滿悲傷的地方」。

她說，丈夫建議她去看心理醫師，因爲「他討厭我的悲觀心態，就像他說的，我的抱怨永無休止」。

「他的描述準確嗎？」我問道。

「有一點，聽到他說那種話，就會讓我很消沉。」梅根答道：「他是對的，但當他說他已經厭倦總是要鼓勵我時，我的心情就更低落了。」

「當你感到灰心喪氣時，會做什麼呢？」我問道。

她對我微微一笑：「我會懲罰他，同樣的事情我做太多次了。我不是故意的，但我似乎無法控制自己。」

「你是不是更被動，並且感到更沮喪？」我問道。

「是的。」梅根說，好像她知道我能理解其中的牽強邏輯。她解釋說，她的這種作法是從父母那裡學到的：「當他們聽到任何批評或者有什麼事情出差錯時，他們就會沉默不語，直到有人把他們從這種狀態中拉出來。」

「可不可以這樣說，你用被動來應對所有問題，反而使事情變得更糟呢？」我問道。

她遲疑了一會兒，說：「好吧，老實說，直到我丈夫說他已經受夠了，我才知道自己做了些什麼。」

接下來，我們講到了「被動性」是如何使憂鬱加重的。我描述了大腦如何處理被動性，從而刺激憂鬱的產生。左額葉會增進積極樂觀的心態，並促使你採取行動，而右額葉則會使你逆來順受，加重消極的情緒。

「實際上，你丈夫發揮的作用類似你的左額葉。」我評論道，並且向她解釋這兩個額葉在處理情緒時有什麼不同。

「沒錯，我認爲我的右額葉控制了我，而他用左額葉讓我保持平衡。但是，他說他厭倦了在我故意拖延或發牢騷時，他要做全部的事。」梅根說。

「你厭倦了嗎？」我問：「如果你沒有改變自己行爲的動力，那麼我們一起做的任何努力都會是徒勞的。從另一個角度看，對你目前的情境發火，未嘗不是一件積極的事情，它也許會爲你採取行動提供所需要的精神力量。爲了重新連結你的大腦以便減少這種壞習慣，你需要讓左額葉充分活躍起來，並採取相應的行動。」

「正如你所說，」梅根總結道：「我應該感謝他不再爲我承擔一切。是該做些改變的時候了。」

意見達成一致只是第一步。尋求改變的想法聽起來不錯，但要眞正做出改變還需要下一些工夫。對她來說，故態復萌、退回到被動應付模式和消極思考的老習慣，實在太容易了。

梅根開始理解，她的消極傾向反映了左額葉已經不再活躍。她需要透過「採取行動」來讓左額葉活躍起來，儘管這看起來是一小步，對她來說卻很重要。

我也建議她使用FEED法。透過將情緒和消極行爲進行分類，她將能啓動左額葉。我解釋說，因爲左額葉參與了語言的表達，於是這種連結就產生了。

當梅根發現自己變得冷漠且沉溺於消極情緒時，她會對自己說：「那些消極想法代表我的左額葉又睡著了，我必須做些什麼事來叫醒它。」

當有些事情不對勁時，她出現好幾次恢復老習慣的傾向。重拾悲觀的心態太容易了，這使得情況變得更糟。透過使用FEED法把悲觀心態轉變成樂觀心態，她就不會再用負面情緒來破壞輕鬆快樂的生活。

梅根認識到，無論何時，她的情緒狀態都影響著自己的知覺、思想和記憶。也就是說，她的心態會對所有經歷產生影響，這是因爲那些同時啓動的、產生某種情緒的神經元，也會啓動其他神經元，從而產生思想和記憶。

你陷入某種特殊情緒的時間愈長，就愈容易處在那種情緒中。你可以把它視爲一種引力或是偏好狀態，該核心吸收了你的思想、感覺和記憶，並且激發一連串行爲。

這種趨勢會自動產生，如果你不努力把自己拉出來，它將不停打轉到失去控制。假設你正開車前往姑姑家吃晚飯，但你並不想去，在尖峰時段的車流中，突然發現汽油指針幾乎降到零了，這讓你又著急又生氣。當你開車駛進加油站時，注意到有許多車子在加油機前排起長長的隊伍。更糟糕的是，有些正在加油的人還不慌不忙地清洗車子的擋風玻璃，甚至下車走進了休息室。

你的心情變得非常糟，一想到姑姑因爲你的遲到而不悅，讓你的心情又變得更差了。這時，你寧願手上有很多事情需要做，唯獨不想隨著隊伍緩慢地靠近加油機。這些感覺會使支援壞心情的神經網絡變得更加活躍。

排在你前面的女士已經加完油了，但她下了車，走進加油站附設的商店。你生氣地將車子停到另一台加油機前。爲什麼她加完油後還要將車停在那裡礙事？難道她沒有意識到後面還有人等著要加油嗎？

你終於加完油了，這時你看到她手裡拿著一瓶冰涼的飲料回到車上，遞給坐在後座的孩子。她離開停在加油機前的車，竟然只為了買一瓶飲料！你瞥了那個孩子一眼，發現他沒有頭髮。你的梭狀神經元開始作用，意識到他一定在做化療。與這位女士相比，你還有什麼好抱怨的？鏡像神經元讓你產生深深的同情，憐憫她和孩子。

那個孩子把飲料灑到座位上，並且哭起來，他媽媽在擦拭水漬的同時安慰他。這時，你跑進商店裡為這個孩子又買了一瓶飲料，當你把飲料遞給他時，他報以微笑，但其中透著悲傷。

之後，你開始思考這對母子是如何幫助你擺脫掉「生氣」這種壞情緒的。之後，你決定懷著全新的同情及無私心情趕去姑姑家。

這個生活小片段說明了，人多麼容易在不知不覺中陷入一種壞情緒。一旦這個神經網絡同時啓動，就會招來其他神經元，使得壞情緒保持下去。你的憤怒使情緒更糟糕，壞情緒進一步加劇且更難改變。這些壞情緒一次可以持續幾小時或幾天，有些人甚至會被它們連續折磨幾個月到幾年。

如果你時常處於某種情緒狀態下，我們可以說這種情緒為你生活體驗的重複發生打下了基礎。它是隱含的情緒趨勢、預設模式，是你生活的重心。你的大部分經歷都奠基於此，並以它為中心。

比如，在過去幾個月，母親的去世讓你感到悲傷。與之產生共鳴的相關記憶和感覺奠定了這種悲傷的情緒基調，你甚至會告訴自己：「我要繼續保持這種悲傷的感覺，因為這是向母親表達尊敬的一種方式。」

然而，倘若你培養這種悲傷情緒（但你以為自己正在釋放這種情緒），就是在維持這些神經元同時啓動的狀態，為持續的悲傷情緒打下基礎。你會不時感到悲傷，並且以消極的方式進行思考、記憶和行動。

你沉浸在情緒低落的狀態中愈久，當你悲傷時，那些神經元愈會同時啓動並連結的可能性也愈大。其結果是，它將變成你的情緒體驗不斷重複的基礎。悲傷以及由悲傷引發的想法和感覺，就成了永久性的存在。

我並不是說你應該壓抑悲傷情緒。悲傷是你在失去親近之人後的正常自然反應。問題的關鍵在於平衡，除了悲傷，你還應該繼續自己的生活。

如果你的悲傷、沮喪或憤怒的情緒反覆出現，情況看起來就像一張壞了的唱片。留聲機轉盤上的唱針被卡在劃痕外，同樣的歌詞老是唱啊唱啊，「像破唱片一樣不斷重複」（sounds like a broken record）這句話就是從這裡來的。你需要起身，試著撥弄唱針越過槽紋，讓歌聲繼續下去。如果你的情緒基礎是悲傷、憤怒或沮喪，你需要找到一種類似「讓針跳開」的方法。

有許多方法可以重新連結大腦，促使積極心態的產生。這些方法如下：

- 激發積極的情緒
- 多曬太陽
- 以樂觀的方式解讀生活
- 採取行動
- 用運動改變心情
- 打造積極思維
- 社交療法

激發積極的情緒

透過採取行動激發出一種積極的情緒，就可以開始重新連結大腦了，能讓你在心情不好時仍表現得和情緒良好時一樣。假設你最近感到憂傷，並因此遠離了朋友，或許你還對自己說過「我不想裝成開心的樣子」。

就算你不喜歡，也必須強迫自己打電話給朋友，相約一起出去吃午餐。只要你們一起用餐，哪怕是微笑，也能使得與積極情緒相關的那部分大腦活躍起來。

研究人員凱利．蘭伯特（Kelly Lambert）注意到，大腦中由努力驅動（effort-driven）的獎賞迴路，對消除憂鬱的情緒特別關鍵。這個獎賞迴路包含三個基本區域：伏隔核、紋狀體（striatum）和前額葉皮質。伏隔核是參與情緒及記憶的結構，大小跟花生差不多。它演化出以下這種功能：讓我們從事那些關乎生存的行爲，比如吃和性。因爲它是愉快中樞，所以與成癮行爲有關。

紋狀體與運動有關，由於它與伏隔核和前額葉皮質之間存在著大量的聯繫，因而在我們的情緒和活動之間具有介面的功能。

我們曾經提及，前額葉皮質與解決問題、制定計畫和做出決策有關。「伏隔核—紋狀體—前額葉皮質」網絡，與運動、情緒和思考有關。因此，由努力驅動的獎賞迴路，就與你在有無獎賞的情況下「做什麼」或「不做什麼」相關聯。例如，當你喪失愉悅感時，伏隔核就不再活躍了；當你疏於運動時，紋狀體就會失去活力；如果你不夠專心，前額葉皮質就會停止活動。

在不清楚是哪個大腦系統起作用的情況下，認知行為治療專家鼓勵患有憂鬱症的人增加活動量，結果發現那些人的憂鬱程度減輕了。所謂行為激發，是指激發了包含伏隔核、紋狀體和前額葉皮質，由努力驅動的獎賞迴路。

左右腦的非對稱性和憂鬱之間的關係如下：

- 神經病學的證據顯示，左側中風具有**災難性**的後果，會讓一個人變得非常沮喪；而右側中風具有自由放任的效果，很少會引起憂鬱。
- 左前額葉皮質的相對抑制功能，和右前額葉皮質的相對活躍功能，與憂鬱相關。
- 左前額葉皮質與積極情緒相關，屬於行動導向。

- 右前額葉皮質與消極情緒相關，屬於被動導向。
- 語言能力、弄清楚事件的含義以及產生積極樂觀的情緒，全都是健康的左腦功能。
- 患有憂鬱症的病人不會把細節放到具體的場景中，他們被綜合性的消極觀點壓制著。右腦喜歡全景式思維。
- 行為激發（左前額葉皮質）是治療憂鬱症的主要方法之一。

因此，努力從這些情境中走出來，會幫助你緩解憂鬱。事實上，「常常微笑」確實有幫助。它是這樣發揮作用的：神經通道連接著臉部肌肉、腦神經、皮質下區域和皮質。資訊從大腦傳向臉部，也會傳回大腦。如果你收縮右臉的肌肉讓左腦活躍起來，就可能會產生積極的情緒；與之相反的是，如果你收縮左臉的肌肉讓右腦活躍起來，就可能產生消極的情緒。

蒙娜麗莎的微笑

右臉肌肉與左腦的連結，以及左臉肌肉與右腦的連結，稱爲「對側功能」

（contralateral functioning）。

想一想蒙娜麗莎。她的右臉是微笑的，但左臉露出了不悲不喜或消極的情緒。

因爲左腦以處理積極的情緒爲主，右腦以處理消極的情緒爲主，這些情緒都會在右臉或左臉上反映出來。

因此，當你強顏歡笑或表示不悅時，就是在激發與快樂或悲傷相關的情緒。藉助微笑和皺眉，你就向與快樂或悲傷情緒產生共鳴的皮質下區域和皮質區域發出了信號。所以，換上笑臉吧，它會讓你感覺更好！

右腦除了產生悲傷的感覺之外，通常還具有被動性。左腦除了處理積極的情緒之外，還與行動相關聯。「採取行動」可以讓人們擺脫低落的情緒，而沒有作爲和被動性是悲傷情緒出現的原因。情緒沮喪的人都有左前額葉活力不足的情況。如果你大多時候都是情緒低落而非情緒高昂，就要做些具有建設性的事來啓動左額葉，幫助你從低落的情緒中成功突圍。

左側的視野與右腦相對應，右側的視野與左腦相對應。換句話說，當你往左邊看時，就啓動了右腦；而當你往右邊看時，則啓動了左腦。

有時你需要跳脫開來，讓自己擺脫消極的想法和情緒。換句話說，你得學會不要對一切太在意。幽默可以增強神經可塑性，並且是讓你擺脫煩惱的一帖良藥。在你悲傷時，幽默可以輕輕推你一把，讓你從一種心理狀態進入另一種心理狀態。不要看賺人熱淚的戲劇，因爲它們只會讓你想落淚的情緒更加強烈。嘗試觀看喜劇來幫助你擺脫消極的想法和感受，從悲傷的狀態中逃脫出來，並獲得另一種心情——愉悅。從這一點來看，幽默是擺脫悲傷的一種撫慰法，尤其在不貶低其他人時更是如此。

培養幽默感

幽默會激發你的生物化學系統。幽默在提高免疫球蛋白、自然殺傷細胞（natural killer cells）、血漿細胞激素（cytokine）γ干擾素濃度的同時，也有助於降低壓力激素「皮質醇」的濃度。免疫球蛋白是由幫助免疫系統對抗感染的抗體組成的，是人體的初級防禦機制之一。自然殺傷細胞會搜尋並破壞異常細胞，是「免疫監視」（immuno surveillance）的關鍵機制。血漿細胞激素的γ干擾素，可協調或調節抗細胞活動，並且啓動免疫系統的某個部分。

如果你能夠培養自己的幽默感，將會發現一切都令人自由舒暢，你無須把目前的情況看得太嚴重，也不必把自己太當一回事。而自嘲能讓你把自己看成更大整體的其中一部分。不把自己看得過重，你就可以看淡很多事情，不再庸人自擾。我將在第七章詳細描述幽默感是如何增強你的體質和大腦機能的。但目前，你只需了解培養幽默感會使你擁有積極的思想和感情。

盡量將時間投入到你想保持的那種情緒狀態上，這種狀態自然就會在你的身上發生。你要讓它成爲自己的預設心情。你必須盡己所能地做一些可促進思想、觀點和行爲的事，以產生積極的情緒。

多曬太陽

許多憂鬱的人總會拉上窗簾，因爲他們不想讓外面的世界打擾自己。這是一個糟糕的作法，因爲這樣會讓他們與自然光線隔絕開，進而改變大腦的生物化學特性。較少的光照與憂鬱相關。

不管外面是陰暗還是陽光明媚，大腦都會透過視網膜接收信號，再將資訊送達松果體（pineal gland）。如果是黑夜，松果體將分泌睡眠激素「褪黑激素」（melatonin），幫助你安靜下來。如果是白天，松果體將不會分泌褪黑激素。在化學結構上，褪黑激素與血清素很相似。當褪黑激素數量過多時，它就會與血清素進行對抗，使血清素濃度下降。血清素濃度低則與憂鬱相關。

較少的光照導致一些人飽受季節性情緒失調症（seasonal affective disorder）的困擾，這類患者在日照時間只有幾個小時的冬天往往會變得更鬱悶。由於冬季時陰天多且白晝短，美國西北部和歐洲北部有不同比例的人受到季節性情緒失調症的折磨。因此，如果你感到情緒低落，應該盡可能多曬太陽。

治療季節性情緒失調症的方法之一，就是坐在全光譜的光線之下。當然，接受陽光照射會更好。但如果你生活在冬季光照強度低的地區，又罹患了季節性情緒失調症，就找個能夠提供全光譜光線照射的地方，購買這種服務吧。

為了利用光化學的好處，我們要盡可能接受日光的照射，這樣一來，大腦的化學物質就可以讓我們產生良好的感覺。重點要放在陽光上，因為你需要全光譜光線。順道一提，你也需要服用適量的維生素D，它對你的免疫系統有重要作用。

運動能改變心情

運動具有許多積極的作用，它可以用各種方式讓你的心情變得愉悅。例如，運動可以促進血液的氧合作用，當血液被輸送到大腦時，你會覺得思維敏捷、心情平靜。此外，運動也會降低體內的酸度，進而增強你的體能。

肌肉的血液供應將會很充沛。就像運動可以刺激血液流向肌肉並使你精力充沛一樣，伸展身體也可以達到同樣的效果。伸展你的肌肉，就是在把用過的缺氧血，輸送或泵送到肺部，爲其重新補充「燃料」，之後充氧血重新回到肌肉。伸展身體能使肌肉重新恢復活力，並使緊張的情緒得以緩解。

運動會增加去甲腎上腺素的分泌，使心率加快。在大腦中，也會發生去甲腎上腺素的分泌增加的現象。去甲腎上腺素濃度較高，能夠使你的情緒高昂，一些抗憂鬱藥物就是透過增加去甲腎上腺素的分泌以發揮功效。

多項研究顯示，運動是一種抗憂鬱的良藥。但你不必局限於跑步等單一的特別方式，也可以透過爬樓梯或快走來擺脫憂鬱。

研究發現，運動是最容易促進神經可塑性和神經元新生的方式之一，我將在第八章描述這種促進是如何發生的。現在你只需要記住，當你把運動和改變思考方式結合在一起時，就能大大振奮你的心情。

以樂觀的方式解讀生活

正如我在前文說明的，左右半腦的功能存在著差異。右腦更具全景性，也更情緒化；左腦儘管更單一，但它是生活經歷的解讀器。透過解釋和標示分類，來幫助你理解自己的體驗，在心理學上稱之爲「敘事」（narrative）。

你就是自己生活的描述者。例如，也許你正面臨著挑戰，因爲老鄰居搬走了，新鄰居搬來了。你覺得老鄰居是不可替代的，而新鄰居有著與你全然不同的生活方式。你可以樂觀地認爲，現在獲得了一個認識從未見過的人的機會。雖然老鄰居的離開令你傷心，但新鄰居的到來代表一種新的人際關係即將開始。對於這個全新的冒險之旅，你能應付得來。

你的左腦把經歷轉化成語言形式。左腦更加積極向上，如果你讓它從正面角度來描述經歷，就會促使大腦與積極的想法重新連結。

每次你在回想事情時，都是在修正記憶。左腦能用一種積極的態度啓動及改變那些記憶，幫助你對它形成一種積極的敘事。

你的左腦和右腦沒有好壞之分，它們必須像平等的夥伴一樣共事。右腦對主體本質和自傳體記憶具有重要的意義，它看到的是全景，但也需要左腦輸入的細節和積極的態度。

信念的力量

信念和特殊類型的思考方式，會對你的情緒產生強烈的影響。近幾年來，研究已經揭示了思考方式的改變會如何影響你的情緒。對腦部造影的研究顯示，不同的憂鬱症療法會影響不同的大腦部位運作模式。認知行爲療法能啓動海馬迴，而抗憂鬱藥帕羅西汀（Paxil）的功效則是降低海馬迴的活性。另外，認知行爲療法旨在讓眼眶額葉皮質的活躍度降低，以免眼眶額葉皮質參與到無休止的思緒之中。認知行爲療法能切斷否定性思維，並以實際的想法取代之，進而終止額葉中那些無用的活動。

積極又實際的新想法，能透過海馬迴被編碼和記憶下來，但它必定不會與帕羅西汀同時發生作用。而且，一個人在停止服用帕羅西汀之後，憂鬱症會再次發作。相較之下，當認知行爲療法終止後，接受者會記住所學的東西。另外，有相當數量的人在服用抗憂鬱藥之後沒有效果。而當這些藥物發揮作用時，則必須要長期服用才行。安慰劑療法和抗憂鬱藥物啓動的是大腦的同一個

表2：安慰劑的治療效果

疾病	以安慰劑治療後具有療效的病人平均比例	研究數目
癌症	2% ～ 7%（腫瘤體積縮小）	10
克隆氏症	19%	32
十二指腸潰瘍	治癒率為36.2% ～ 44.2%	79
大腸激躁症	40%	45
多發性硬化	11% ～ 50%（兩、三年後下降）	6

區域——皮質。

透過比較安慰劑與藥物治療的效用，精神病學家對信念所具有的爭議力量進行了討論。例如，康乃狄克大學的歐文·基爾希（Irving Kirsch）報告說，安慰劑的作用相當於抗憂鬱藥物六十五％至八〇％的功效。

多倫多大學的研究人員透過對大腦的生理觀察，論述了大腦對安慰劑產生反應的現象。他們的研究顯示，即便對於那些認爲自己正在服用強效抗憂鬱藥物，而實際上是在服用一種安慰劑的憂鬱症患者來說，他們也體驗到了與大腦葡萄糖代謝的改變相關的症狀變化。

服用安慰劑的好處至少是，患者相信藥物有效。安慰劑的療效凸顯了信念的力量，而且這種效果不受情緒所限。

《科學美國人心智》（*Scientific American Mind*）的一篇文章回顧了針對藥物的安慰劑作用所進行的各種研究。許多不同的疾病都在用安慰劑進行治療，部分研究如前頁的表2所示。

安慰劑的療效是一種心理作用，如果體質狀況對安慰劑有反應，那麼心理狀況對安慰劑的反應又有多大呢？答案是，它會對你的體驗和身體都產生巨大的影響。

打造積極的思維

你的情緒和思維之間是一條雙向通道，這就是認知行爲療法在治療憂鬱症方面非常有效的原因。認知行爲療法的目的是「糾正」功能失調的思維模式，以便改變你的感覺。利用認知行爲療法，你可以修正自己的認知扭曲（cognitive distortions）。如果你感到憂鬱，可能是被認知陷阱或者被引發消極情緒的信念，拖入泥沼而無法自拔。這些認知陷阱是對現實的曲解。認知扭曲有很多種，多到難以一一列舉。通常有以下幾種形式：

- **思維極端**：黑或白，全或無，好或壞，好極了或糟透了。
- **以偏概全**：容易受到發生在工作中的一次不幸事件的影響，而對整個生活妄下結論。
- **個人化**：把他人看你的每一眼或發表的每一句評論，都解讀爲負面資訊。
- **猜測人心**：消極地假定你了解其他人正在想什麼。

- **應該和不應該**：把生硬、不靈活的規則，應用到當今複雜的社會環境中。
- **小題大做**：把每一個事件都看成大災難或是災難即將到來的信號。（「啊，不是吧，紅燈！或許我根本就不該走。」）
- **感情用事**：基於感覺來發表意見。
- **悲觀主義**：對多數事情只看到負面的結果。

如果你符合上述任何一項，就需要進行調整，以免陷入困境。透過認知行為療法所謂的「認知重組」（cognitive restructuring），你可以改變自己的思考方式。

透過經常考慮可能性而不是限制因素，你將重新連結大腦。當你把注意力放在可能性上時，就擴充了神經元之間的新連結，而不是使用陳舊的連結加劇消極情緒。

這裡有幾種思考方法可以幫助你擺脫消極思維和情緒，重新連結大腦：

- **灰色地帶思維**：這種看法與「非對即錯」的思維相反，透過考慮兩個極端之間所有的可能性，可以在其間進行調整，以適應現實情況。

- **因果檢查**（context checking）：調整你的意見和知覺，去適應情境中的因果，而不只是與預想的觀點保持一致。
- **樂觀主義**：把每個情境都當成機會。
- **擺脫消極情緒**：從重複的消極信念中脫身而出。
- **問題外化**：當不幸事件發生時，把它當作一個問題，而不是你自身價值的反映。

這些方法行之有效的關鍵在於，經常和持續地練習與使用。透過應用FEED法來實踐這些思考方法，就能夠重新連結大腦。

本章開頭提到的梅根，就學會了從悲觀模式轉向樂觀模式。樂觀主義是情緒智商最重要的部分。透過開發、培養和保持一種樂觀的心態，你就能夠承受悲慘命運的挑戰。樂觀主義使你具備了耐性和心理韌性。由於樂觀主義對於心理健康來說是再基礎不過的條件，我在本書中將不斷地提到它。

社交療法

不管你承認與否，你都是一個社會性動物，你的情緒會因其他人的支持而得以調整。鏡像神經元幫助你提高同理能力。不幸的是，當你垂頭喪氣時，會覺得自己不合群。別忘記，不想與人打交道的想法，會過度刺激右額葉皮質，而你需要的是啓動行動導向的左額葉皮質。努力培養積極的情緒，有賴於積極的人際關係。從出生後的第一口呼吸開始，你的大腦就迫切希望與父母產生積極的親密關係，之後對這種關係的渴求會不斷重複。你的眼眶額葉皮質會與你擁有的親密關係體驗的類型相連結，並爲你嘗試與其他人重複建立相同類型的情感關係做好準備。

當你積極地與他人打交道時，眼眶額葉皮質就會「擊鼓進軍」。當你不怎麼與他人打交道時，眼眶額葉皮質就會「鳴金收兵」。印第安那大學的神經科學家雅克・潘斯凱普（**Jaak Panskepp**）已經注意到，眼眶額葉皮質富含天然類鴉片劑受體，你與其他人的親密關係可幫助這些天然類鴉片劑活化眼眶額葉皮質，而與親密夥伴的分離及隨之而來退出圈子的感覺，則可能是那些天然類鴉片劑受體失去了活化刺激所導致的結果。

當你被另一個人吸引時，神經遞質「多巴胺」將被啓動，你會產生愉悅感。當你與伴侶親熱地擁抱一下，神經激素「催產素」就被啓動了。因此，在生物化學及神經方面，你都對擁有緊密的人際關係感到滿足。積極的人際關係引發積極的情緒，因此我們可以稱積極的人際關係爲「社交療法」。因爲社交療法非常重要，我將在第七章介紹它的好處。

當你感覺沮喪時，應該盡可能地多使用社交療法，它會讓你感覺更好。你可能會說，當情緒消沉時，你不喜歡與別人相處。但是，就像生病時需要服用藥物一樣，這時你應該使用一帖社交療法的良藥，因爲它會讓你感覺好一點。

案例分析：布蘭達的逆境

對於布蘭達來說，她的生活曾經一帆風順。大學畢業之後，她在一家社區醫院找到好工作，成爲一名護理師，並嫁給一個聰明有趣的小夥子布雷特。不久，他們有了一個兒子。她的姊妹們告訴她，與她們相比，她的生活幸福極了。布蘭達是三個姊妹中最出色的，在成長的過程中，她一直很有異性緣。相比之下，在高中歲月裡，她的姊妹們卻要忍受求愛被拒絕或男朋友移情別戀的煩惱。

然而，布蘭達也是三個姊妹中最悲觀和最沒有耐性的人。她經常抱怨，而且不管與誰相處總是陰沉著臉，她的這些情緒似乎決定了她與人交往的基調。她的兩個姊妹努力應對生活中的各種挑戰，比如婚姻和健康問題，心懷樂觀，認爲隨著她們努力地改善生活，一切都會好起來的。

然而，布蘭達的生活中卻沒有多少挑戰。所有的事情似乎都一帆風順，她也認爲一切都理所當然。她第一次遇到的「重大挫折」是在工作中。她在社區醫院工作了七年，工作壓力小，她卻抱怨壓力大。她在一個主管手下工作，這個主管給她的績效評價是「優秀」。之後，她被調到重症照護病房，從此她的世界被推翻了。她人生中第一次感受到眞正的壓力——她認爲護理長的管理太嚴、太挑剔，之前她從沒有與這種人打過交道。

布蘭達得到的績效評價是「仍需改進」，而在她看來自己已經做得相當好了。這些批評讓她困擾不已，於是她來到護理師工會，諮詢如何提交一份書面申訴報告。工會代表告訴她，儘管應該幫她提交一份書面申訴報告，但醫院正在爲國家品質認證委員會的複審做準備，因爲之前的審查結果不合格。國家品質認證委員會的複審將對每個人進行詳細的考查，獲得最佳績效評價是非常重要的。

布蘭達回應：「他們是在尋找一隻代罪羔羊嗎？如果是這樣，我不能忍受！」

「不，事實上，得到這種評價的人不只有你。」工會代表說。

「好吧，看來只能這樣了。」她走出辦公室，感覺自己受到傷害，對於是否提交申訴報告猶豫不決。

當天晚上下班回家之前，布蘭達已經認定辭職是最佳選擇。她可以要求丈夫多加班，直到她找到一份新工作。當她走進家門時，丈夫看起來悶悶不樂的。「你聽說了嗎？」她問道。

「沒錯，他們說解雇立即生效。」他說。

「他們敢！」她大聲地叫嚷著：「我還沒有提交申訴報告。我不過是想想而已。」

布雷特吃驚地看著她，試著把她的反應與自己說的話連結起來。然後，布雷特的話就像一場地震擊垮了她。原來布雷特不是在說她，而是在說自己。所以，布蘭達現在不能辭職了。

要讓布蘭達理解布雷特此時的灰心喪志是很困難的，因爲她對自己的工作處境感到沮喪。現在，她陷入了困境，她打算辭職的計畫因爲布雷特的失業而變得不可能了。她沒有對布雷特產生同情心，相反地，她感到一股莫名其妙的憤怒。

對布蘭達而言，第二天早晨去上班成了一件難事。由於布蘭達在決心辭職之後卻發現自己不能辭職，使她陷入了絕望的困境。她變得意志消沉，愈想這件事，她的絕望和沮喪就愈強烈。

她度日如年，對病人的看護能力也開始變差。在那週結束之前，她的朋友莫莉不得不提醒她重新測量病人的血壓。把這種例行任務放在首位是布蘭達的責任，但是，在不斷累積的自憐情緒和對管理層憎恨的共同作用下，她的工作能力大不如前。她現在的情緒和覺得工作沒有意義的想法，影響了她理清思緒的能力。

不久，布蘭達發現自己開始厭惡病人，因為他們在某種程度上代表了她所怨恨的醫院管理制度。她被安排換班，在週末休息。遺憾的是，她並沒有利用週末的時間使自己重新煥發活力。相反地，週末使她的沮喪進一步加劇了。她拒絕了週六晚上的晚宴邀約，這是她第一次拒絕別人。之後，她讓丈夫帶孩子去公園玩，以便獨處一會兒。她拉上窗簾，坐在沙發上，對自己的處境感到焦慮不安。她的食量下降，晚上還喝了幾杯酒，為的是讓自己不再胡思亂想。

她的週末生活激發了那些引發憂鬱情緒的神經元。她的情緒變得消極，導致右額葉更加活躍。在接下來的一週，她更加鬱悶了。

布蘭達又艱難地熬過了一週，心情依舊憂鬱，情況完全沒有改善。莫莉善意地提醒她要多注意，因為她護理病人的能力變得愈來愈差。可是布蘭達沒有把這當成警告，她只感覺到自己的生活愈來愈糟糕。

這時，她意識到自己必須做些什麼，以便從這種低迷的狀態中掙脫出來。

幾天後，布蘭達來找我，她覺得自己罹患了輕度憂鬱。她說需要一次「快速修理」，想進行抗憂鬱治療。我告訴她，我會幫助她適應工作環境，同時讓她的情緒振奮起來。抗憂鬱治療通常要等到一個月後才能初見成效。

「樂平片這種藥怎麼樣？」她問道。

「你是個護理師，」我答道，「你大概知道它容易使人上癮，而且它的副作用之一實際上就是憂鬱。透過戒酒和強迫自己每天吃三餐均衡的飲食，你就能快速改變大腦的化學性質，還要盡可能地多曬太陽，每天至少走路半小時。」

我解釋說，她需要吃飯，因爲食物中含有的特殊胺基酸，可以用來產生神經遞質。另外，喝酒也會使神經遞質γ-胺基丁酸和血清素的含量減少。我將在第六章更詳細地解釋這些因素。布蘭達此時需要更好的而不是更差的神經化學物質。

我解釋說，她的憂鬱模式開啓後，大腦就會啓動那些讓憂鬱反覆發作的迴路。布蘭達需要採取行動以擺脫由於右額葉過度活躍而產生的消極心理，並啓動左額葉。她必須做那些不情願做的事情，才能擺脫壞情緒。

很明顯的，在她的人生經歷中，她習慣於一切事情都一帆風順，不管當時事情進展如何，她都要抱怨。結果是，布蘭達沒有培養出可處理現在面對的種種挑戰的情緒智商。她需要重新連結大腦，以便對崎嶇的人生之路有更強的承受能力，因爲她過去的大腦只適用於順境。所以，當她遭遇人生中少有的一次坎坷時，就感覺像經歷了一場大災難。

我們接下來要講的認知扭曲之一，就是布蘭達已經形成了「事情很簡單」的預期。因爲以往的事情對她來說如此輕而易舉，她的消極情緒才會不斷加劇。她不必努力，因爲無須付出任何努力，事情通常就會好轉。事實上，她之所以從事護理工作，正因爲這是一份「容易找到的工作」。

顯然，布蘭達是個熱心和有同情心的人。我知道，爲了應對她目前的挑戰以及今後生活中的種種挑戰，我必須啓動她的這些積極情緒，重新連結她的大腦。她的同情心是認知和情緒之間的橋梁，可以利用它在病人和努力通過醫院的複審之間建立起連結。

我要求她描述目前在重症監護病房裡照顧的病人。她講到了一個患有鬱血性心衰竭的老人，家人住在其他州，只打過一次電話來詢問老人的病情；有一個男人發生了車禍，身上多處受傷；還有一個五歲孩子的母親，因爲卵巢癌手術的併發症正在接受治療。

當布蘭達繼續向我描述其他病人時，我能夠發現溫暖和同情的火苗在她的心中重新被點燃。在她描述那個母親時，雙眼含著淚水，並凝視著左邊，顯然是在回想那個女人和家人正在經歷的悲傷。然後，她看著自己坐的椅子，很明顯，她領悟到與那個女人相比，她的「創傷」微不足道。她瞥了我一眼，眼神中流露出愧疚，之後重新振作起來。

我要求她繼續關注那些病人，在我們進行下次心理治療時，聊聊他們的治療進展及他們的情緒。

「這與我來見你有什麼關係嗎?」布蘭達問道。

「你需要時刻提醒自己爲什麼要在那裡工作。」我回答道：「然後我們可以把這個原因與你的情緒變化連結起來。」

我沒有告訴她的是，她的「家庭作業」具有多重作用。它會幫助她從誇大的受害感覺中脫身，因爲這種感覺助長了她對主管評價的消極反應，它還可以幫助她把注意力重新放在「關心病人」這個工作使命上。她需要重新提起幹勁，啓動左額葉，而不是那過於活躍的、會產生消極情緒的右額葉。

布蘭達第二次來進行心理治療時，臉色好了許多，憤怒也不見了，聲音柔和且熱情。在聽完她介紹病人的情況之後，我問她，其他同事如何做到一邊準備複審，一邊照顧病人。

「很辛苦。」她說：「他們全都勞累過度。」

「那你的主管呢？」我問道。

「她看起來非常虛弱。」她傷心地強調，然後又退回到受害者的情緒中，「但她不應該用那種方式對待我。」

我承認她的主管並非十全十美。但這段討論似乎讓她打破了偏見，認識到主管爲了讓每一個人盡職盡責而承受了管理上的巨大壓力。另外，這也幫助布蘭達從非好即壞的極端思維，轉向灰色地帶思維。當我們討論醫院正在審查什麼的時候，她能夠更客觀地看待自己的問題。

透過**聚焦**在「我需要轉換心情」上，布蘭達開始做出改變。然而，只是聚焦並不能讓改變發生。她需要努力改變自己的行爲，直到新的情緒狀態能夠**輕鬆自如**地實現。因爲她不想付出這樣的努力，低落的情緒也使她失去了動力，所以額外的努力就成爲關鍵，她必須做不喜歡做的事情。

接著，我幫助布蘭達學會**聚焦**在「自己會在如何及何時開始不知不覺地陷入陰鬱的反應模式」上，並**努力練習**採取行動。透過運用鏡像神經元系統，她能夠繼續關心及同情病人，並使該系統發揮核心動力的作用。最終，她調整了努力的方向，轉而支援複審流程，以便她和同事能夠有時間在病人應該接受治療時提供幫助。

我解釋說，適度的焦慮有利於神經可塑性的增強。布蘭達的消極評價激發了她的焦慮，足以使她產生必要的改變，而能擺脫消極的模式（右額葉），並轉向積極的模式（左額葉）。這些改變促使她爲了應對今後生活中不可避免的挫折做好準備。

處於積極應對的行動模式中

布蘭達學會了如何把對自身情境的憤怒引導到「採取行動」上，並改變這種情境。當你做些什麼來應對讓你生氣的事情時，情境就會悄然發生改變。近期的研究顯示，生氣會激發積極性，啓動左額葉。這種向左額葉的轉移，能夠幫助你重新平衡兩個額葉的活動，你會對生活有更積極的看法。與其對你所處的情境感到絕望，不如做些有建設性的事情，使自己置身於一種積極應對的行動模式中。

如果你的情緒低落或罹患了憂鬱症，那麼馬上採取行動吧。我經常對心情沮喪的人說，治療憂鬱的最好處方就是積極行動。相反地，不積極就會間接導致你不開心。通常，你不會察覺「消極被動」和「不開心」之間的關聯，甚至「消極被動」有可能被視爲一種讓你自我感覺良好的方法，因爲你在「保存能量」。

然而，「消極被動」是不會產生好結果的。即使你能夠讓別人爲你做事，也會產生較多的消極情緒。被動攻擊型的人會比活躍樂觀的人更悲觀，他們不知不覺就會陷入悲觀的模式。因爲他們不採取行動，並讓別人爲他們做他們自己應該做的事情，而且不只是這些！

當你重新連結大腦以便從憂鬱的情緒中掙扎脫身時，首先要**聚焦**在你更希望擁有的情緒。這種關注將幫助你弄清楚，你想擁有的積極情緒和願意拋棄的消極情緒之間的區別。

其次，你必須**努力練習**那些會使情緒更積極的事情——從被動轉移到行動，從右額葉轉移到左額葉。你必須努力去做不情願做的事，例如，與朋友出門看電影，即便你心情糟糕透頂，寧願獨自待在家裡。

你應該努力激發積極的情緒、採取行動，並且構建積極的思考方式。透過建構積極的思維，並確保你與社交網絡重新連結在一起，就可以讓新的情緒保持下去。

當你不知不覺又退回到原有的情緒狀態中時，「聚焦」將再次發揮作用。要保持警覺，以便每次退回到被動和消極的情緒時，你都能有所察覺。你需要非常努力地做我已經講過的許多事情。最終，你的努力將使大腦的預設模式變成一種積極模式。不久後，你將開始感到放鬆，擁有更積極的新情緒，而且保持那種情緒對你來說**輕鬆自如**。當你自我感覺良好且心情愉悅時，請注意，你已經確實重新連結了大腦。

也許你開始享受很多事情，以至於不用採取行動，只要懷著積極的心態等待好事發生即可。但如果你不行動的時間太長了，就會有重蹈覆轍的危險。如果一個事件或一次危機的發生讓你感到沮喪，那麼這種危險很快就會到來。此時，你需要**堅持不懈**地保持新的行動模式，以確保FEED法的前三個步驟都得到實踐。

如果在不幸的事件發生時，你能堅持不懈地進行下去，那麼即使是狂風肆虐，你也能平息這場風暴。這種很強的適應性取決於對計畫能夠實施的樂觀認識。你需要提醒自己，前面的步驟曾讓你感覺良好，現在你必須持續應用它們，以確保這個新的情緒基礎已成爲你的預設情緒模式。

擁有積極的情緒模式，不僅代表著更多快樂，它也需要更多的實踐。如果你的情緒是積極的，將更傾向於思考可能性和潛在性，並把生活中的挑戰視爲對活力的呼喚。

Chapter 4

強化你的記憶力

Cultivating Memory

西維亞今年五十五歲，育有三個孩子。她來找我，抱怨自己的記憶力在最近幾年持續減退。她堅持認爲這是因爲「太忙了」。她恐慌地看著我，並說：「我最近看了一個介紹注意力缺失症（attention deficit disorder）的電視節目，或許我就是得了這種病吧？」

西維亞確實很忙，但她並沒有注意力缺失症。女兒們都處於青春期，她又身爲一家家具批發商的銷售代表，因此總是很忙碌。在她坐在我辦公室裡的前十五分鐘，她收到了女兒們傳來的兩則手機簡訊。儘管這是我們第一次見面，她卻像受到強迫似的拿起手機閱讀簡訊。之後每次她轉向我時都要問：「剛才我們在談什麼？」

西維亞告訴我，她在早晨必須照料女兒，還要送她們去學校，幾乎沒時間煮咖啡。我問她是否有時間做早餐，她笑著回答：「你在開玩笑嗎？」

從她對每天活動的描述，我很快就了解，她平日做事沒有什麼條理性。西維亞總是在「滅火」，而這些「火」都是她在不知不覺中點著的，因爲她難以把已經開始做的事情堅持到底。這種行爲似乎是注意力缺失症，但她的問題不只這些。她告訴我，最近失去了一些新客戶的訂單，因爲她總是忘記完成交易。上一次發生這種狀況後，主管給了她一次警告。這就是促使她來見我的原因。

對於她猜想自己罹患了注意力缺失症，我解釋說這種可能性很小。事實上，在三年前，甚至是更早的大學和高中階段，西維亞從來沒有記憶力差的困擾。其實，她曾經是注意力非常集中的學生，並取得很好的成績。這個問題是最近才出現的，並且與她的生活方式有很大的關係。

我們的首要任務是改變她不吃早餐的習慣，接下來是盡可能改掉她生活中的散漫習慣。我告訴她，記不住任何東西一點也不奇怪，因爲她幾乎無法在任何事情上保持足夠長時間的注意力，進而記住它們。

我開始爲西維亞安排一天的行程，爲的是讓她無論何時都能夠集中精力做正在做的事情。她的手機簡訊和電話都安排在一天中的特定時段處理。她學著**聚焦**在每一項任務上，直至任務完成爲止。隨著背外側前額葉皮質變得更活躍，她的短期記憶開始正常運作，進而使大腦能夠將資訊進行編碼並變成長期記憶。

西維亞需要改變一種單純的想法，也就是記憶是那種「不是會丟失，就是會找到」的東西。相反地，她的記憶代表了一系列可以改善的技能。她了解各種記憶類型之間的差別，因此，對自己的期待也變得更合理。

她開始養成吃早餐的習慣，並**努力練習**安排日常生活，這使得她較能夠把精力集中在一項任務上，壓力也減輕了。西維亞說：「不敢相信我已不再心煩意亂！」她不再白費力氣，並且能夠完成任務，因而重拾了自信。過去她所撲滅的「火焰」也不會再死灰復燃了。

「我的大腦好像又恢復到從前的狀態。」在一次進行心理治療的過程中，她這樣說。西維亞描述了自己如何更輕易，甚至**輕鬆自如**地記住工作內容的能力。當天結束時，她記住了所有明天待處理的重要事項。

就在她展開學習記憶技巧的課程時，一個女兒摔斷了手臂。這個變故使得她的諮詢進度中斷了。她又恢復了老習慣，並且說：「你能期望我做什麼呢？我是一個必須工作的單身母親。」當我提醒她，如果她繼續進行諮詢，可以將女兒照顧得更好後，她點了點頭，並從中斷的地方重新開始。爲了培養持久的記憶技巧，她需要**堅持不懈**地努力，即使在照顧女兒時也不能放棄。

隨著西維亞逐漸學會時間管理的技巧，她注意到自己的記憶力因時間管理的方式不同而有所差異。時間管理方法被用於培養基於聯想的記憶。透過把每一個項目、圖像或資訊連結起來，她學會了如何將想記住的東西組織在一起。自從她了解到自己的大腦在聯想的基礎上構建記憶的效果最好之後，現在更願意想辦法建立聯想。

我教會她一系列用輔助符號來建立聯想的記憶技巧。這些技巧變成有趣的遊戲，她說：「誰會想到我是透過玩記憶遊戲來重新連結大腦的呢？」

或許你與西維亞有同樣的遭遇，也像九〇%的人那樣喜歡增強記憶力。一項洛普調查（Roper Survey）顯示，九〇%的人抱怨他們的記憶力有問題。大部分調查對象說，有時會在走進一個房間後忘記自己爲什麼要去那裡。多數人的記憶力都會下降嗎？

正如西維亞發現的那樣，記憶可不是「丟失或找到」那樣簡單的事情。你可以選擇增強記憶力，也可以任由其減退。當今社會中，智慧型手機、即時通訊和大衆傳媒的狂轟濫炸，共同削弱了我們的注意力和記憶力。爲了提升你的記憶力，必須避免注意力的分散。你仍然可以使用智慧型手機，但必須瞄準目標，做事專心致志、有條理。

要改善你的記憶力，有很多事情可以做，但也有局限性。下面的一些方法可以改善記憶力：

- 提升你的注意力技巧。
- 學會運用不同類型的記憶。

- 利用聯想法，比如輔助記憶法。

下面是一些局限性：

- 誤以為能夠同時注意好幾件事情，也能非常準確地記住全部的內容。正因如此，你會在開車的同時打電話，而忘記尋找正確的路標。幸運的是，許多國家都規定開車時接打電話是違法行為。
- 期望不費勁就可以改善記憶力。記憶力不是遺傳的，它必須透過培養才能增強。
- 誤以為自己能記住經歷的所有事情。但記憶並不像快照那樣，迅速定格之後便不可更改。每次你回憶它們，它們就會被修正，或者，如果你不再回憶它們，那些事情就會被忘記。

注意力能打開記憶之門

注意力是重新配置大腦資源和促進神經可塑性的關鍵因素，它也能發揮打開記憶之門的作用。在聚會的交談過程中，如果你只是漫不經心地聽朋友說話，可能會忘記對方講話的所有細節。在下次交談時，你記住的唯一一點內容也可能會忘記。但如果你在下次交談時加入情感因素，將會更聚精會神地聽，事後也能記住聽到的內容。

注意力是額葉的一項功能，它們會告訴大腦的其他部位，什麼是重要的、應該記住什麼。爲了促進神經可塑性和改善記憶力，你要讓額葉參與進來。通往記憶的大門必須被打開，而你的額葉可以打開這扇大門。

你的前額葉皮質，尤其是背外側前額葉皮質，負責管理短期記憶。短期記憶又名「工作記憶」，因爲它與大腦中當時正在處理的事情相關。你的日常生活內容，是從一種體驗轉移到另一種體驗，並使用短期記憶進行導航，你的短期記憶最多只能將那些體驗保留三十秒鐘。一般情況下，你能感覺到從一種體驗到另一種體驗的連貫性。有了這種連貫性，你才能記住自己是在去姑姑家的路上。如果沒有短期記憶，當你看到路標時，可能會忘記轉進正確的街道。

你的背外側前額葉皮質也是一種執行控制中樞，在決定你要關注什麼及記住什麼方面，它扮演著重要的角色。如果發生了你想記住的事情，例如有人告訴你，你剛買的股票不久後將會大幅下跌，因爲那家公司打算宣布破產，那麼各種神經遞質，特別是去甲腎上腺素和多巴胺，就會促使你集中精力，並增加你的焦慮。多巴胺系統的突觸活性增強了你的注意力，而背外側前額葉皮質會提醒你「記住這次交談」。背外側前額葉皮質和海馬迴之間的回饋，則爲長期記憶的形成鋪好道路。你將在未來的一段時間裡記住炒股的小竅門，以及提醒你的這個人。

因此，短期記憶是一條通向長期記憶的必經之路。如果短期記憶受到損害，長期記憶就會缺乏新的資訊。如果從短期記憶通往長期記憶的道路被封堵，「供給」（記憶）就不能完成。例如，如果你在聚會中忙著查閱手機上的電子郵件，同時參與膚淺的交談，注意力就會分散，短期記憶也會受到限制，通往長期記憶的道路便被封住了。

短期記憶會受到多種因素的干擾。注意力和專注力，與短期記憶密切相關，任何分散注意力的事情，比如閱讀手機上的文字簡訊，都會妨礙短期記憶。如果你被一個突然離開公司奔赴新工作的同事的電子郵件所打擾，可能會忘記當時的短期記憶所存儲的東西，因爲注意力轉移到另一項吸引你的資訊上了。

擁有良好記憶力的初步要求如下所述：

- 注意力是鑰匙。沒有它，記憶力的大門就無法打開。前額葉皮質必須參與進來，以便可以關注並記住一件事情。
- 一項資訊對你愈重要，關於它的記憶就會愈持久。

當我在爲某人進行關於短期記憶的心理測驗時，也在評量他的注意力。如果我發現他在各種其他記憶類型的能力不足時，就必須將短期記憶排除在原因之外。歸根究柢，如果你沒有發揮注意力，就不能將短期記憶轉變成長期記憶。

記憶的類型

短期記憶和長期記憶存在著許多差異，其中最重要的區別在於記憶儲存的時間長短，以及儲存容量。短期記憶儲存的內容數量是有限的，而長期記憶則沒有這種限制。

長期記憶是一個處於反覆儲存狀態的檔案館。長期記憶並非儲存在大腦中的固定區域，更確切地說，它的儲存似乎是一種動態過程，遍布大腦的不同區域。然而，記憶受到特殊神經結構的偏愛。一次體驗、一項資訊或一個感性印象，是否被編碼並存入長期記憶，取決於各種複雜神經系統間的動態作用力。

學習能力和記憶力，有很多交叉重疊的功能。如果你記得過去的事情，像是事件、資訊、圖像或內容，屬於「陳述性記憶」（declarative memory）；記得建立在語言基礎上的資訊，是「語義記憶」（semantic memory）；對於過去的重疊記憶，是「情節記憶」（episodic memory）。這些類型的外顯記憶可以這麼區分：記得自己得到了一張剪紙，屬於情節記憶；記得得到這張剪紙的實際情

表3：外顯記憶與內隱記憶

外顯記憶	內隱記憶
‧陳述性記憶 ‧語義記憶 ‧情節記憶	‧程序性記憶 ‧情緒記憶

形，屬於陳述性記憶；記得與某人談論這份剪紙時說過的話，屬於語義記憶。

如果情節記憶包含了強烈的情緒，它就被稱爲「情緒記憶」（emotional memory）。關於做動作的習慣性方式，比如騎自行車或寫下你的名字，則屬於程序性記憶（procedural memory）。

所有這些記憶子系統都被視爲長期記憶，並可被分爲兩個子系統：外顯記憶（explicit memory）和內隱記憶（implicit memory）。這個區分對於了解如何培養記憶技巧是很重要的。外顯記憶包括事實和公開宣布的經歷，內隱記憶包含程序性記憶和情緒記憶。兩種記憶的組成部分如表3所示。

某些內隱記憶可以快速獲得，比如因遭到襲擊而受傷。然而，程序性記憶，比如演奏大提琴的習得能力，只能透過一遍又一遍煞費苦心的重複練習才能獲得。

海馬迴主要負責爲外顯記憶進行編碼，它從先前的學習與資訊中產生想法。如果你不具備這種能力，那麼對你來說，每天都是嶄新的一天。這在短時間內可能聽起來還不錯，但事實上你什麼也記不住。例如，從神經病學和神經心理學歷史上最著名的病人之一——亨利·莫萊森（Henry Molaise）身上，我們學到了很多關於海馬迴和外顯記憶的知識。

亨利在做了腦外科手術後，失去了鞏固新外顯記憶的能力，那時他還是一個年輕人。他在九歲時被車子撞傷，並罹患了醫學上難以治癒的癲癇。一九五三年，當時人們對海馬迴的作用還不太了解，爲了嘗試抑制癲癇的發作，一名神經外科醫師摘除了亨利的左右兩個海馬迴。在這次手術之後，亨利的癲癇症狀得到緩解，但他卻記不住人了。如果他被介紹給一個陌生人並與對方親切地交談，在陌生人離開房間幾分鐘後，亨利不會記得自己曾與此人見過面。

然而，亨利記得很久以前發生的事，形成程序性記憶的能力也依然存在。例如，他能夠繞著街區行走，並記得如何回家，這不是一種外顯記憶，而是一種程序性記憶。他可以學會某種動作，當他後來被要求重複那個動作時，他會做得比第一次學習時更好，卻不記得自己之前學過這種動作。

神經心理學家布蘭達·米爾納（Brenda Milner）所做的許多診斷發現，海馬迴是放棄和提取關於過往體驗的記憶的關鍵角色。海馬迴可以鞏固正在發生的生活情景所形成的外顯記憶，但對於回想起與舊時記憶連結在一起的事件卻不具作用。

海馬迴的健康與否在人的老化過程中扮演重要的角色。在人的後半生，海馬迴會逐漸萎縮。

就像亨利一樣，許多罹患阿茲海默症的人喪失了陳述性記憶，而保留了部分程序性記憶。在逐漸難以記住當下發生的事情的同時，他們仍具有程序性記憶。

從長遠來看，具情緒意義的事件更有可能被記住，這不只是因爲它們含有更多對個人來說有意義的主題，還因爲它們與較高程度的覺醒相關。情緒事件會激起我們的生理反應，其中包括了血糖濃度的升高，因而可促進鞏固記憶的程序。

情緒事件會在你心中產生共鳴，引發神經可塑性的改變，並鞏固記憶。如果你想記住什麼事情，可以加入感情因素。

情緒記憶的神經網絡經常與恐懼體驗連結在一起。我在第二章已經提到，對聽覺和視覺刺激物產生反應的典型條件性恐懼，是由連接視丘（thalamus）和杏仁核的皮質下通道調節的，視丘是大腦的中央交換機。正如紐約大學的研究人員約瑟夫．勒杜（Joseph LeDoux）指出的：「這條迴路繞開了皮質區，建構起情緒學習的皮質下機制。」

杏仁核除了在情緒學習中發揮重要作用之外，在多數陳述性記憶形成的過程中，顯然沒有扮演重要的角色。相比之下，皮質區對於條件性恐懼的出現不是必要的，但對消除條件性恐懼卻是必要的。換句話說，恐懼是有條件的，只是你不知道而已；若沒有皮質區，你就無法消除恐懼。皮質區對於抑制杏仁核，進而克服焦慮，具有相當重要的作用。

情緒的調節作用取決於你當時的狀態。如果去甲腎上腺素濃度高，調節作用就會更快見效，而且你對制約反應（conditioned response）的學習會更快，且能持續更長的時間。

和大多數動物一樣，一方面，你能夠學會那些需要由杏仁核啟動而非由海馬迴啟動的技能；另一方面，你無法學會那些需要海馬迴啟動而不需要杏仁核啟動的技能。

杏仁核能強化廣泛的注意力，並且透過與下視丘—垂體—腎上腺軸的相互作用，啟動整個大腦—身體系統。即使某個事件與情緒激發無關，你也能夠儲存情節記憶。當你的大腦工作狀態良好時，杏仁核會激發出最適合記憶的情緒狀態。之後，當你再次處於那種情緒狀態時，更有可能記得與那種狀態和諧一致且顯而易見的情形。

通常，在人生的頭三年或五年，你沒有多少外顯記憶。佛洛伊德稱這種現象爲「幼年經驗失憶症」（infantile amnesia），但這是不準確的。其實，你並沒有忘記或失去那些記憶，更確切地說，那些記憶是無意識的。人在形成對外顯記憶進行編碼的能力之前，內隱記憶系統已經在發育了。

內隱記憶是許多情緒傾向和認知習慣的基礎。例如，傾向於選擇退讓的方式來處理衝突，會隨著認知的加深和體驗的積累而變成一種修養。但是，除非你努力改變社會腦系統的神經可塑性，否則它的隱性功能（保持與其他人的有限接觸）可能會保持不變。因此，在恐懼條件和程序性學習（procedural learning）同時具備的情景中，你可能會有像孩子一樣的習慣性制約反應，只是你沒有意識到。

許多習慣性的制約反應和行爲模式屬於內隱記憶，那些行爲模式被你當成個性中必不可少的組成部分。因爲它們是習慣性的，若沒有付出持續的努力，比如按照FEED法去做，它們是不會輕易被改變的。內隱記憶不會透過頓悟而隨時形成，通常頓悟也不會改變它們。正因爲許多你經歷過並做出反應的事情，是建立在內隱記憶的基礎上，潛意識在你建立所有社會關係的過程中，便具有重要的作用。

除非你的注意力不集中，否則幾乎可以不費力氣地閱讀這本書，此一事實表明你擁有程序性記憶。憑藉程序性記憶，你甚至可能閱讀完一、兩頁，卻發現沒有什麼內容進入你的意識中。當你為了閱讀而努力理解字母和單字，就會獲得這類程序性記憶。

在一些重要方面，程序性記憶與陳述性記憶及情節記憶截然不同。陳述性記憶和情節記憶讓你能夠記住**事件**本身，而程序性記憶讓你想起如何重複特定的**流程**，包括閱讀、漱口、打字、騎自行車等技巧和習慣。在程序性學習中，沒必要涉及內容，相反地，你會記住**如何**做事。在進行足夠多的練習之後，程序性記憶能夠使你不假思索、下意識地完成不同的動作和流程。程序性學習對於**性格**發展來說也是必不可少的。性格是指隨著時間的流逝，人們在行為、情緒和認知上具有顯著的一致性。

程序性記憶要變成長期記憶，需經過以下三個步驟：

①**獲得記憶**：有時這被稱為「記憶編碼」。例如，當你學習騎自行車的基

本要領時，它會發生。

②**儲存記憶**：當你努力學習騎自行車時，會把記憶進行歸檔，以便日後使用。

③**提取記憶**：當你再次騎上自行車時，會喚起以前騎車的記憶。

既然我們已經理解內隱記憶和外顯記憶之間的區別，接下來，就更深入地了解外顯記憶。由於它的重要性無與倫比，我特別要用一小節來說明。

聯想與記憶技巧

學習記憶技巧和培養神經可塑性密切相關，這是由於記憶的形成過程離不開神經可塑性。每一次形成新記憶，都代表大腦中發生了一次神經可塑性的變化。實際上，這些記憶是突觸連結的形成和加強所產生的結果。

當你在描述童年生活中的一個事件時，常會爲自己記得住這麼多內容而感到吃驚，這是關於長期記憶的許多饒有趣味的事實之一。隨著你開始描述事件，會想起圍繞該事件的相關記憶。你啓動了一個完整的聯想鏈，並重新激發一個更寬廣的記憶範圍，這是因爲記憶就是在大的神經元群之間建立突觸連結。這些連結代表了你在記憶時編輯的圖像、想法和感覺，以及每次你回憶這些記憶的過程。突觸連結和聯想是同一個過程的兩個面向。

由於記憶代表著聯想，你可以使用透過聯想而建構的輔助符號來培養及增強記憶力。那些能夠吸引你的注意力和讓記憶變得有趣的輔助符號，效果最好。如果你採用的輔助符號陳舊、過時、令人厭煩，你就要把它們忘掉。藉助愚蠢、有趣、荒唐、令人興奮的輔助符號，記憶技巧才會有成效。

記憶的輔助技巧，可提供形成記憶的多種途徑。這些技巧自古以來就在使用，我向你推薦以下特別實用且易於掌握的四種方法：

① 掛鉤法
② 定位法（loci）
③ 故事連接法
④ 聯想法

掛鉤法

掛鉤法，顧名思義，是把一個單字與另一個比較容易記住的單字連結起來。如果你要記住一些單字，就要利用掛鉤來產生關聯。當你「鉤住」對應的單字時，自然就會記住你想要記住的那個單字。例如，在「一、二，扣好鞋，三、四，打開門」（One, two, buckle my shoe; three, four, open the door"）這句歌詞中，二（two）就和鞋子（shoe）掛鉤在一起，四（four）就和門（door）

掛鉤在一起。

你也可以把想記住的單字與一個字母或數字連結起來。比如，縮寫詞FEED就是一個掛鉤。你也可以將字母表中的每一個字母與一個數字連結起來，透過記住對應的字母組成的單字，就能夠記住一連串的數字。

定位法

尼莫西妮（Mnemosyne）是希臘的記憶女神，據說她知道過去、現在和未來的一切事。依靠著記憶女神的幫助，被稱爲「吟遊詩人」的說書人，學會了如何記住長篇敘事詩和傳奇史詩的方法。事實上，他們使用的是名爲「定位法」（loci）的記憶技巧。

這個單字是"locus"的複數形，locus是拉丁文單字，意思是「地點」或「位置」。有時，定位法又被稱爲「主題法」（topical system）。在希臘語中，topo的意思是「位置」。

所謂的定位法，就是用特殊的位置對記憶進行編碼。如果你想記住演講內容，可以將內容的每一個要點，與空間裡的某個特定位置連結起來。然後，在你進行演講，看到空間的那些特定位置，就會得到該說些什麼的提示。

古羅馬哲學家暨政治家西塞羅（Cicero）曾經講過，詩人西莫尼德斯（Simonides）是如何使用定位法的。當時，他參加一個大型宴會，爲了向主人斯科波什（Scopos）表達敬意而吟唱抒情詩。當西莫尼德斯唱到讚美神明卡斯托耳（Castor）與波魯克斯（Pollux）那一段時，斯科波什被激怒了，並拒絕支付全部的費用給西莫尼德斯，還說西莫尼德斯可以從神明那裡獲得補償。爭論時，一名信使召喚西莫尼德斯，說有兩名年輕男子正在外面等他，並且有話要對他說。西莫尼德斯走到外面去見他們，卻找不到人。就在這時，宴會廳失火坍塌了，裡面的人全都死了。

在清理現場和實施救援時，除了西莫尼德斯外，沒有人能夠辨別出受害人的屍體。他透過回憶自己被叫出去之前房間裡每個人所在的位置，分辨出了每具屍體的身分。

定位法有兩個主要的步驟：

①按照你要記住的事情順序，牢記某個地點的幾處位置。這個地點可以是你的起居室，也可以是發表演講的空間。

②將你想記住的事情，與每個位置連結起來。

透過採取這兩個簡單的步驟，你就能夠在看到這個位置、走過這個位置或僅僅是在頭腦中想到這個位置時，回憶起你想記住的事情。

假設你想記住演講內容。當你在練習時，可以在屋子裡走一圈，把裡面的每件物品或每個部分，與演講內容建立起特殊的連結。在講台上，記住演講稿的第一部分，然後走向筆記型電腦、投影儀、第一排座位和最後一排座位等，在每一個位置分別記住演講內容的不同部分。

隨著練習次數的增加，你只要在空間裡走一圈，就可以將演講的每一部分與每個位置連結起來。下一步，站在某一處，從頭到尾再演練一遍，眼睛看著與演講內容對應的每個位置。最後離開，在腦海中回想進入這個空間的場景，溫習你的演講，並將相應的位置和演講內容連結起來。

到了正式演講時，你可以掃視這個空間的各個角落，把每個位置當作一種提示來輔助你完成演講。

故事連接法

縱觀人類歷史，人們會聚集在說書人周圍聽故事、閱讀小說和觀看電影。故事是我們的文化結構中必不可少的部分，故事被你當成學習、教育和消磨時間的一種方式。所以，你也可以將故事與想記住的資訊連結在一起。

透過編一個故事，你就能將故事與希望記住的資訊連結起來。當你在爲自己講這個故事時，將得到關於想記住的資訊的提示。你編的故事，可以提醒自己想記住的一個單字清單或一組概念。這個故事應該把所有項目按照你想記住的順序串在一起。

聯想法

聯想法的構建需要多花一點時間。使用聯想法的一個特別有效的方式，就是將你想記住的東西與一個視覺影像連結起來。視覺連結途徑之所以有效，是因爲人們十分擅長記憶非同尋常的視覺影像。這就是爲什麼商家要精心製作廣告，以使正面的、具有誘惑力的產品形象可以深入人心。例如，許多公司都試著把一個有吸引力的人與相應的產品連結起來。你可以使用同樣的方式，將想記住的東西與一個引人注意的影像連結起來。假如你在準備睡覺之前，想記住第二天早上要打電話預約修車，因爲當你開車回家時，汽車的引擎燈亮了。你告訴自己，當早上看到咖啡機的指示燈亮了時，就要聯想到汽車的引擎燈。

這四個記憶技巧之間既有某些共通點，也存在一些差別。當你沒有很多時間，卻需要找到一種快速的方法來記住重要的事情時，使用掛鉤法是聰明的選擇。掛鉤法比故事連接法好用的地方，是你可以從列表中挑選出單個項目，而故事連接法必須依賴一個次序。

定位法要有事先記憶的位置才能加以應用。與定位法一樣，掛鉤法也要使用已經記住的單字或數字來做連結。使用掛鉤法時，資訊通常會與名詞或動詞連結起來，比如FEED（英文字意爲「餵養」）這個縮寫詞。

不論你使用什麼樣的記憶技巧，都要確保它具有靈活性且能滿足你的記憶需求。常常練習使用記憶技巧，將使你成爲記憶高手。

案例分析：愛德華的桌子

由於想改善工作所需的記憶能力，愛德華來找我。他在舊金山的一家高檔酒店做服務員。他認爲，只要能記住每一位服務過的顧客的瑣碎小事，他的小費就會和同事一樣多。他解釋道：「現在的情況是，我只能記住要把哪道菜送到哪張桌子，所以幾乎得不到任何小費。」

導致健忘的因素有很多，比如節食、藥物濫用和不健康的睡眠習慣。在排除這些因素之後，我們對最適合他在酒店使用的記憶技巧進行討論，最後選擇定位法，因爲酒店對於桌椅有一套固定的安排，他可以據此建立一個定位系統。愛德華是狂熱的旅遊愛好者，我便請他把每張桌子視爲地球上的某個洲，同一個洲對應的桌子數量可以是一張或多張。他可以透過留意誰坐在哪個大洲、哪個大洲是否有人點了菜，而得到樂趣。當他爲顧客分別上菜時，記住了這些一致性和不一致性。透過有趣的地理遊戲，愛德華將定位法轉變成一個增加小費並讓顧客感到愉快的好方法。當然，顧客並不知道他在想像中遊覽世界。

提高記憶力的九種方法

有很多方法可以幫助你提高記憶力，但沒有哪種方法可以單獨給予你想要的和應該掌握的記憶技巧。以下我將介紹九種可以提高記憶力的簡單方法。

①飲食均衡

正如油箱空了就無法發動汽車一樣，在沒有營養的情況下，你也無法好好運轉大腦。我相信你一定希望自己的大腦能在最佳狀態下運行。

透過每天三餐的均衡飲食，提供大腦所需要的營養。營養是發揮大腦潛力的基石，是你所能提供的、讓大腦記住東西的最基本物質條件。

均衡的飲食結構包括複合碳水化合物、水果或蔬菜，以及蛋白質。藉助一日三餐的均衡飲食，你可以爲大腦提供那些製造神經遞質所需要的胺基酸組合，神經遞質是大腦產生化學反應的基礎。

神經遞質能讓你用多種方式思考及感受生活，進而對生活感到滿意並提升記憶力，例如，神經遞質乙醯膽鹼（acetylcholine）就對大腦處理記憶的能力有重要的影響。

②睡眠充足

爲了充分發揮記憶技巧的潛能，你需要一個冷靜而警覺的頭腦，其基本作法就是有充足的睡眠。

如果你的睡眠不足，就不能集中注意力，也無法對你想記住的東西進行編碼。注意力是打開記憶大門的鑰匙，如果你的注意力不集中，就打不開這扇大門。放鬆身心，睡個好覺吧。

③規律運動

你的身體是幾百萬年來進化的結果。爲了使身體正常運轉，你需要規律的運動。你的祖先是不會整天坐在椅子或沙發上的。

透過運動，身體的所有器官都會在最佳狀態下運行。透過運動，你將加速血液循環、新陳代謝和營養物質往大腦的輸送。運動也有利於晚上的睡眠，釋放白天累積的壓力。這一切都將幫助你保持清醒的頭腦，並記住所經歷的事。

④適量服用補充劑

維生素、礦物質和草本補充劑，可以爲你的大腦提供保持記憶力所需的生物化學物質。

然而，補充劑**絕對不**應該被當作均衡飲食的替代品，你必須確保飲食均衡。如果要服用補充劑，就只是把它們當作補充劑而已。

我們的社會已經變成一個動輒就要吃藥丸的社會，因此，不要對這樣的觀念深信不疑：你應該吃下每一種據說能夠增強記憶力的補充劑。如果服用了太多補充劑，並且將它們與藥物配合來治療各種疾病，你就會有麻煩或危險，包括記憶力問題。

如果你要服用補充劑，必須記住：少即是多。要著眼於基本的營養元素：

・維生素C
・維生素E
・鈣和鎂
・Omega－3脂肪酸
・含有人體所需的維生素B群的綜合維他命

⑤做心智練習

如果你想提升記憶力，就必須鍛鍊大腦。懶惰的大腦是不會有出色的記憶力的。

不管你處於什麼年齡層，都應該不斷挑戰自我。這麼一來，大腦會因爲樹突分枝刺激神經元產生更多連結而有所反應，你也會保持警覺，且與周圍世界維持互動。

如果你看太多電視節目，心智就會關閉。即使是觀看教育類節目，對你的大腦來說仍然是一種被動的活動。如果你把過多時間用在反覆思考日常生活的瑣事上，不僅自己及身邊的人會感到痛苦，記憶力也會受損，因爲心智已經被無關緊要的旁枝末節所占據了。

可用來保持記憶力並讓自己變得機智聰明的心智練習有這幾種：

- 閱讀非小說類的書籍
- 選修其他課程
- 旅遊
- 參加有啓發性的對話和辯論

⑥培養注意力

注意力對你的記憶來說很關鍵。爲了記住事情，你需要集中注意力。如果做不到，就無法把短期記憶轉變成長期記憶。只要是能提高注意力的事，就要努力去做。練習專注於一項活動，而且時間要愈來愈長。不要同時做好幾件事，也不要從一件事快速跳到另一件事上。要讓自己沉浸在感興趣的某項活動中，而且全心投入。安排一些常態活動，以便你有機會關注爲了完成任務而採取的每一個步驟。即使這會讓你放慢速度，也要把它當成一個重要的練習。這樣一來，你不但擴大了注意力的能耐，或許還會發現，自己爲完成任務而做的工作更完美，品質也更好。

⑦保持條理

透過使自己保持條理，你將能對希望記住的任何東西進行編碼並形成記憶。保持條理並不意謂著僵化，它表示你能夠區分自己的經歷，並把它們按照一定的關聯進行編碼。

如果你的生活失去了條理，記憶也會如此。由於缺乏條理，你會不知道如何提取自己的記憶；更糟糕的是，你可能沒有什麼記憶可提取。

有條理，才有可能記得住。

⑧利用多種方法編碼

你的大腦擁有多個系統，可以用多種方式爲記憶編碼。如果你用多種方法對資訊進行編碼，會使資訊變得更豐富，也更容易被記住。你記住一件事情的方法愈多，記住這件事的機率就愈大。

例如，你想記住一輛小汽車，如果記下了它的車牌、外形、顏色、引擎的聲音和駕駛它的感覺，之後就能成功地回憶起這輛車的特徵。

⑨使用記憶法

使用前文中介紹的四種記憶法：掛鉤法、定位法、故事連接法和聯想法。

Chapter 5

大腦最需要的營養素

Fueling Your Brain

桑妮雅因爲不堪忍受嗜睡以及階段性的焦慮、憂鬱、失眠和短期記憶障礙的折磨，跑來向我求助。在對這些病症進行詳細的描述之後，她要求我對其大腦進行一番「整修」。

我了解到她關心的首要問題是嗜睡症，次要問題是焦慮和憂鬱，便詢問她的飲食情況。

她說：「喝下滿滿一杯加了脫脂牛奶的拿鐵咖啡，可以幫我提神，我的一天由此開始。」

「你的早餐都吃些什麼?」我問道。

「什麼也不吃。」她答道：「我正在減肥。」

「那麼，你一天中第一次吃東西會吃什麼?何時吃?」我問道。

「晚餐前吃一根能量棒，再喝一杯拿鐵咖啡，對我來說正合適。」桑妮雅笑著說。然後，她聳聳肩說：「但是我的體重似乎沒有減少，也許是因爲我偷偷吃了一些長條的糖塊。你要知道，這也是爲了提神。」她預設我應該明白她的特殊需要。

考慮到她如此關心體重，我告訴她，不吃早餐其實很難減肥，因爲她的身體在試圖儲存能量時受到了愚弄，轉而儲存起脂肪細胞來。更重要的是，她沒有攝取大腦所需的營養，這些營養對於保持她一整天的健康狀態也相當重要。

聽完我的話，她問：「要是早餐吃能量棒會怎麼樣？」

「我說的早餐可不是這個意思。」我強調說，早餐應該避免吃簡單的碳水化合物，吃糖更是沒有好處。

「那麼，我該怎麼攝取能量呢？」桑妮雅生氣地問道。

「你的飲食會影響你的體能，」我告訴她：「你每天都要有三、四餐均衡的飲食，這樣身體的能量才會增加。當然，你不能再吃糖了，而且要適當地調整咖啡因的攝取量，這樣才會有效果。」

對桑妮雅來說，這可不是一個好消息。儘管我解釋了這麼多，似乎都與她的直覺相違背。「爲什麼我要拒絕那些能增加體能的食物呢？」她想知道答案。

「因爲這種能量的補充會讓你的身體垮掉。」我解釋道：「有升必有降。但問題是，你從一開始就在走下坡路。」

你可能跟桑妮雅一樣，並不知道你的飲食會對大腦的生物化學作用產生巨大的影響。不合理的飲食結構，會對大腦發揮正常功能產生巨大的衝擊，導致你很難保持思路清晰、集中注意力和培養神經可塑性。結論是，你吃的食物若非爲大腦提供能量，就是會妨礙大腦重新連結。

近年來，出現了一個研究營養神經學的領域，旨在對特殊類型的食物如何影響大腦中的化學作用做出解釋。某些食物會使大腦的生長能力得到增強，而其他食物則會抑制這種生長能力——不僅難以重新連結大腦，還會增加罹患癡呆症的風險。

爲了說明飲食如何影響大腦，接下來我會先解釋簡單的一餐如何影響你的思考方式；然後我會介紹大腦中的化學作用是如何發展的，以及如何確保大腦擁有所需的化學物質，從而遠離焦慮或憂鬱；最後，我會描述如何增強大腦結構，以降低罹患癡呆症的風險，並提高重新連結大腦的能力。

「但是，我早上沒有食慾。」桑妮雅提出了異議，「一想到食物，我就反胃。」

「你已經養成了壞習慣，胃腸道也已經適應了這種情形。」我告訴她：「不必擔心，胃腸道還可以重新『訓練』。」

她搖搖頭說：「我們剛才談到的其他問題怎麼辦？比如記憶力差，也跟食物有關嗎？」

「你的大腦要做的事情之一就是『記憶』，你需要爲它提供能量。」我說：「舉個例子，與記憶有關的一種神經遞質叫作『乙醯膽鹼』。想要合成乙醯膽鹼，你的身體需要一種叫作『膽鹼』（choline）的胺基酸，膽鹼的來源之一就是雞蛋。早餐吃一顆雞蛋、一片烤全麥麵包，再喝一杯果汁，怎麼樣？我會教你如何應對壓力，並且傳授你一些提高記憶力的技巧。」

桑妮雅仍然不相信，似乎也難以接受她需要努力改變的事實。相較於做一些事情來改變她的生活方式，一覺醒來從無精打采到精神倍增，再到無精打采，似乎更容易在她身上出現。我的任務是讓她明白：她的生活可以更豐富、更健康。

「你將擁有更多的能量來讓自己一整天都精力旺盛，還可以避免情緒低落，你喜歡這樣嗎？」我問道。

「當然喜歡。」她立即回答。

「太好了。但是，想要擁有那種能量，你需要做出以下的改變。」我建議她不要空腹喝咖啡，並以一頓有營養的早餐取而代之。午餐也必須保持營養均衡。我要求她停止食用單一碳水化合物，每天還要服用綜合維他命、Omega－3脂肪酸和維生素E，並不斷補充水分，手邊常備一瓶水。

「我能不能一次試著吃一種？」她怯怯地問道。

「如果想要養成新的飲食習慣，你必須同時吃。」我回答道。然後，我向她發出戰帖：「你想證明我錯了嗎？」

她點點頭，咧嘴笑了。

在接下來的一週，她做到了我要求的所有改變。當她第二次來找我做心理治療時，顯得更放鬆且注意力集中。「不錯，我感覺好一點了。」她勉強承認。

「只有一點？」我重複著她的話。

「好吧，是非常好。」她說，但有些言不由衷，「現在我們可以開始解決我的問題了嗎？」

「當然可以！」

在此基礎上，桑妮雅學會了FEED法以及各種提高記憶力的技巧。假如她仍然沒有養成吃早餐的習慣，我們的付出將會像用紙牌在流沙上搭房子一樣白費力氣。

營養早餐不可少

像桑妮雅這樣的人，多到讓我吃驚，這些人來找我，希望我幫助他們解決壓力、焦慮或憂鬱的問題。當我詢問他們的飲食情況時，回答往往是「我從不吃早餐」或「我沒有時間吃早餐」。然而，早上出門上班之前，他們倒是有時間查看電子郵件，或打一通無關緊要的電話。

他們不知道的是，如果有吃早餐，得到的將不只是思路清晰、記住重要的資訊、精力旺盛和積極的情緒。在某種程度上，早餐是一天中最重要的一餐，它代表著長時間持續的「不進食」階段結束了，於是，「開齋」（break fast）演化成了「早餐」（breakfast）這個單字。在把早餐比喻爲一天的燃料時，我經常說：「要是油箱空了，你的車還開得動嗎？」在汽油快要耗盡時，車子會顛簸著前進，然後突然停下來。你的大腦也是如此，當它的能量供應不足時，表現出來的症狀是身體能量減少、短期記憶減弱、焦慮和輕度憂鬱。

對於大腦來說，早餐是基本的營養來源。只有吃早餐，大腦才能維持足夠的注意力，以記住你的體驗和學到的知識。例如，在一次爲測量認知技巧而進行的研究中，小學生分別得到了一份含葡萄糖的飲料、一份穀物早餐或者什麼也沒有。之後，相隔三十分鐘、九十分鐘、一百五十分鐘和兩百一十分鐘，研究人員對他們的注意力和記憶力進行測量。相較那些吃了穀物早餐的孩子，那些喝了葡萄糖飲料的孩子或什麼也沒吃的孩子，注意力和記憶力都較差。

吃早餐會讓你在認知能力上擁有顯著的優勢，如果不吃早餐，你的思考能力會受到極大的損害。我在表4中簡單整理了吃早餐與不吃早餐對認知能力的影響。

就吃早餐的重要性而言，情緒和能量是兩個相當重要的指標，這一點我們需要記在心上。因不吃早餐所造成的，與情緒和能量有關的影響，包括以下幾個方面：

- 難以集中注意力
- 疲憊乏力
- 壓力反應加劇
- 情緒波動大

表4：吃不吃早餐對身體的影響

不吃早餐	吃早餐
↓解決問題的能力	↑解決問題的能力
↓短期記憶	↑算術能力
↓注意力和情節記憶	↑警惕性關注

‧焦慮和憂鬱加重

如果壓力是你所擔心的問題，想想這一點吧：不吃早餐會導致皮質醇含量升高，而吃一頓有營養的穀物早餐，則會使皮質醇的含量降低，也不容易罹患感冒和上呼吸道疾病。

一項針對費城和巴爾的摩市中心的幾百名小學生的研究發現，那些吃早餐的學生的數學成績，比不吃早餐的學生高出四〇％，曠課和遲到的人數也更少。那些不吃早餐的學生容易憂鬱的機率是另一組的兩倍，容易焦慮的機率則爲四倍，有多動症狀的可能性爲三〇％。

想要在一天內讓大腦有最佳表現，你必須每餐都享用能讓自己變聰明的均衡飲食。例如，最佳的早餐搭配是雞蛋（蛋白質）、烤全麥麵包（碳水化合物）和果汁（水果）。正如我向桑妮雅建議的那樣，雞蛋不但提供了蛋白質，還提供了可製造乙醯膽鹼的胺基酸，乙醯膽鹼是一種對記憶力相當重要的神經遞質。我將在本章的後半部描述胺基酸的作用以及它們如何促進神經遞質的產生。此處的要點是：飲食均衡有利於你精力充沛地展開一天的工作，不再身心俱疲。

午餐要吃高蛋白質和低碳水化合物的食物，這對減少你在下午的疲勞感有幫助。如果你午餐吃的是高碳水化合物的食物，集中精神和專注的能力將會受到抑制。在午餐後要發表演講的人都深知這個道理。晚餐時應該吃的食物，與午餐正好相反：高碳水化合物和低蛋白質。這樣的飲食會讓你在上床睡覺之前安靜和放鬆下來。

一般情況下，在吃飽後，胃的下部會分泌一種名爲「胃泌素」（gastrin）的激素。胃泌素是作用於迷走神經的神經遞質，可讓腹部和大腦進行交流。另一種名爲「膽囊收縮素」（cholecystokinin）的激素會對你的食慾產生作用。當食物進入小腸後，膽囊收縮素就會被釋放出來。跟胃泌素一樣，它顯然也作用於迷走神經。去甲腎上腺素和血清素這兩種神經遞質，在消化系統中也很活躍。兩者被啓動後，就會發出飽腹的信號。事實上，活躍在腸子中的血清素，比活躍於大腦中的血清素數量更多。

如果步入老年，你的飲食結構將需要更多蛋白質。隨著年齡增長，血液中的血糖含量不宜過高，否則你會在吸收維生素方面受到影響。接下來，我們仔細分析一下糖的作用。

糖分攝取不宜過多

大腦把葡萄糖當作能量來源，但如果一次攝取太多葡萄糖，就會導致一連串的問題。許多器官，包括胰腺、肝臟、甲狀腺、腎上腺、腦下垂體和大腦，都與控制血液中的葡萄糖含量有關，這並非偶然。當血糖含量不足時，大腦（特別是下視丘）就會向腦下垂體和甲狀腺發出信號，通知肝臟「製造」更多的糖。

血糖含量少會導致低血糖，而血糖含量多則會導致高血糖。無論是哪種情況，清晰思考和保持平穩情緒的能力，都會受到損害。如果血糖含量在飯後升高，胰腺就會分泌胰島素，促進血液中的糖進入組織細胞。如果血糖降到了正常濃度以下，大腦會發出求救信號，刺激腎上腺素的分泌，通知肝臟要製造更多葡萄糖。其結果是，你會感覺緊張、頭暈眼花和輕度頭疼、疲倦、虛弱無力、身體搖晃或心悸。

如果你的血糖濃度常常偏低，或者喜歡空腹喝咖啡，低血糖症狀就會特別明顯。如果你患有糖尿病，身體則會更脆弱，需要小心謹愼地控制血糖濃度。前面我列舉的症狀（比如緊張和疲倦），會比其他與注意力廣度、短期記憶和情緒穩定相關的症狀，更顯而易見。

在你攝取過量的糖之後，腦中的壓力激素含量會大增，且持續長達五個小時。這種情況之所以發生，是因爲過多的糖分使得胰腺分泌出比平常更多的胰島素，並從身體組織中帶走太多糖。

洛克菲勒大學的安東尼．切拉米（Anthony Cerami）指出，含糖量高的食物會加速人的衰老，因爲糖會對蛋白質起反作用。透過產生「晚期糖化終產物」（advanced glycosylated end products），糖使分子變得更有韌性。一個看得見的例子就是，雞皮在烘烤時所發生的變化。遺憾的是，晚期糖化終產物所造成的破壞性結果，不只是單純使皮膚變得堅韌，它們就像讓分子相互依附的化學膠水，形成交聯（cross-link）。比如，烤得過熟的肉分子呈交聯，就是它不容易切割或咀嚼的原因。如果你的身體組織發生交聯，許多代謝過程就會受到損害。例如，糖化（過多的葡萄糖）阻止了蛋白質的自由流動，造成的結果是細胞膜被阻塞，降低了神經傳導的速度，進而引發炎症。

糖是精製碳水化合物，會增加大腦中的自由基炎症壓力。自由基是一種帶有「流氓電子」（rogue electron）的分子，而流氓電子會破壞細胞的結構。經過一連串的反應後，晚期糖化終產物會導致自由基和炎症的產生，也改變了蛋白質的結構和活性，並且干擾了突觸之間的資訊交流。線粒體的結構也會受到損傷，而線粒體是化學能燃料「三磷酸腺苷」（adenosine triphosphate, ATP）的製造廠。

糖化的副作用並不會立即表現出來，而是經過一段時間後才會表現爲神經元受到傷害。

毋庸置疑，人體攝取大量的糖與憂鬱症存在關聯性。在日本、加拿大和美國等國家進行的一項關於糖消費比例的研究發現：日本的糖消費率較低，罹患憂鬱症的比例也較低。

由於糖具有導致全身性疾病的副作用，研究人員決定把測量人體中糖含量的方法加以改進。一九九〇年代末，哈佛大學提出了「升糖負荷」（glycemic load, GL）的概念。食物中的升糖負荷愈高，預期增加的血糖含量就會愈高，食物對胰島素的不良影響就愈大。長期吃含糖量高的食物，會導致人們出現肥胖症、糖尿病和炎症的風險加大。

研究人員已經得知，人們從兩份軟性飲料中攝取一定數量的糖（七十五克葡萄糖）後的九十分鐘內，異構前列腺素（isoprostanes）的濃度就會上升三十四％。異構前列腺素是脂質經自由基氧化後的產物。

輕度的異構前列腺素升高與阿茲海默症有關。另一個脂質氧化（經自由基作用）的產物叫作「丙二醛」（*malondialdehyde*, MDA）。研究人員已經證實，升糖負荷的增加與丙二醛之間存在關聯。

早在二十五年前，麻省理工學院的研究人員就發現，精製碳水化合物（糖和白麵）吃得多和吃得少的兒童，智商測驗分數相差二十五％（Schauss, 1984）。葡萄糖含量的不同，導致一個人在認知和大腦上的「巨額支出」。英國斯旺西大學的研究發現，血糖下降會導致記憶力差、注意力差和攻擊性行爲。

耶魯大學的研究人員給二十五個健康兒童每人一份含有一定量葡萄糖的飲料（在多數軟性飲料中都有這種葡萄糖）。結果發現，血糖上升使他們的腎上腺素迅速上升，在五個小時內，血糖含量已經超過正常濃度的四倍。多數兒童發現自己難以集中注意力，並且感到焦慮和急躁。

同樣地，芬蘭的研究人員對四百零四個十歲和十一歲兒童攝取葡萄糖的效果進行了評估。他們發現，凡是攝取的軟性飲料、零食和冰淇淋中的糖含量超過三〇％的人，產生畏縮、焦慮、憂鬱、違法犯罪和侵害行爲的比例，會比正常情況高出一倍多（Haapalahti, Mykkänen, Tikkanen, and Kokkonen, 2004）。

結論非常清楚，高糖飲食對大腦有害，且會導致你的某些能力嚴重受損，這些能力包括思路清晰、情緒穩定和在社交活動中舉止得體。因此，保持血糖平衡及穩定，對大腦維持最佳狀態是相當重要的。

胺基酸讓你頭腦敏捷

大腦的生物化學特性，取決於從飲食中獲得的營養。胺基酸是神經遞質的關鍵構成要素；神經遞質是由吃下肚的食物所含的胺基酸合成製造的。例如，麩醯胺酸（L-glutamine）是存在於杏仁、桃子等食物中的一種胺基酸，在這類食物被消化後，身體會把它們合成能讓人保持平靜的神經遞質γ-胺基丁酸。由體內的苯胺（phenylamine）所製造的酪胺酸（Tyrosine），是神經遞質腎上腺素、去甲腎上腺素和多巴胺的構成要素，也是甲狀腺素的重要組成部分。

在蛋黃中發現的膽鹼，是製造神經遞質乙醯膽鹼的原材料。麻省理工學院的理查·伍特曼（Richard Wurtman）在多年前指出，缺乏足夠的膽鹼會導致大腦「自殘」其神經膜，以便獲得足夠的膽鹼來製造乙醯膽鹼。乙醯膽鹼不足，會導致記憶力下降和阿茲海默症，所以一些研究人員嘗試用各種藥物來提升人體內的膽鹼含量。

許多食物含有人體必需的胺基酸。表5中，列出了某些胺基酸前體及與其相關的神經遞質，並列舉了幾種含有胺基酸的食物。

為了進入大腦，胺基酸會相互競爭。大腦只允許一定數量的特殊類型胺基酸在任何時間通過。例如，高蛋白的食物不能增加大腦中的L－色胺酸含量，因為在這類食物中其他胺基酸的含量更豐富，更容易進入大腦。正因為如此，晚上吃高蛋白的食物會讓人難以入睡。為了在晚上睡個好覺，你應該吃複合碳水化合物含量高而蛋白質含量低的晚餐，這樣你就可以得到足夠數量的L－色胺酸。

如果你想在白天擁有良好的短期記憶和靈敏的頭腦，早餐和午餐的蛋白質含量就要高。你可以吃那些含有胺基酸的食物，因為胺基酸可以活化乙醯膽鹼、去甲腎上腺素和多巴胺。

表5：胺基酸和含有胺基酸的食物

胺基酸前體	神經遞質	作用	食物
L-色胺酸（L-tryptophan）	血清素	改善睡眠、鎮靜和平復情緒	火雞、牛奶、全麥粉、南瓜子、白乳酪、杏仁、大豆
麩醯胺酸	γ-胺基丁酸	緩解緊張和易怒，使心情更加平靜	雞蛋、桃、葡萄汁、酪梨、葵花子、麥片
酪胺酸	多巴胺	增加快感	魚、燕麥、小麥、乳製品、雞肉、大豆
L-苯丙胺酸（L-phenylalanine）	去甲腎上腺素、多巴胺	增加能量和快感，增強記憶	花生、青豆、芝麻、雞肉、優酪乳、牛奶、大豆
膽鹼	乙醯膽鹼	增強記憶	蛋黃

維生素讓你身心平衡

你所吃的食物必須在維生素和礦物質的含量上保持均衡。正如胺基酸一樣，維生素和礦物質對大腦的化學特性及神經遞質的產生或減少，有著直接的影響。

許多維生素和礦物質對大腦都很重要。例如，維生素B_1（硫胺／thiamine）可將葡萄糖轉化成大腦所需的「燃料」，缺乏維生素B_1會讓你感到疲勞和注意力難集中。在喝酒的情況下，維生素B_1特別容易受到攻擊並減少，即使只喝一杯酒，也會導致消化系統減少對維生素B_1的吸收。泡在紅酒、醬油或醋中的肉，維生素B_1含量會減少五〇%至七〇%（Winter and Winter, 2007）。酒精除了會對維生素B_1產生腐蝕作用外，還會降低血清素和多巴胺的含量。

維生素B_3（菸鹼酸／niacin）參與身體和大腦中多達四十種不同的化學反應，其主要影響之一是它參與了生成紅血球的過程，而紅血球負責運送氧氣到大腦。維生素B_3也參與了三磷酸腺苷（細胞的能量來源）的形成過程。攝取適量的維生素B_3，可以降低血液的膽固醇含量；攝取大量的維生素B_3則會導致血管擴張，從而增加流向大腦的血液量，使血壓降低。

維生素B_3可以由L－色胺酸轉化而來，而L－色胺酸是血清素的前體。被轉化成維生素B_3的L－色胺酸數量，取決於你的飲食。維生素B_3和L－色胺酸在你的飲食結構中必須保持均衡。

嚴重缺乏維生素B_3會導致糙皮病（pellagra），糙皮病又會導致癡呆、腹瀉和皮膚炎。皮膚炎中包括一種嚴重的紅皮膚症狀。

有一種說法曾出現在出版物中而被人們當作事實，你可以在聚會時用它來逗大家開心。紅脖子（redneck）這個詞意指「鄉巴佬」，最早是用來稱呼缺乏維生素B_3的鄉下人。爲此，他們發明了一種紅色的「項圈」來遮住脖子。

維生素B_3的理想食物來源：

- 雞肉（白肉）
- 火雞（白肉）
- 帝王鮭
- 全麥麵包

- 花生
- 扁豆

缺乏維生素B_3的相關疾病：

- 頭痛
- 失眠
- 焦慮
- 憂鬱症
- 精神病
- 糙皮病

維生素B_5（泛酸／pantothenic acid）對腎上腺來說相當重要，腎上腺分泌的腎上腺素可以把脂肪和葡萄糖轉化成能量。缺乏維生素B_5，會導致腳不舒服、有麻木感。維生素B_5是製造壓力激素和乙醯膽鹼所需要的，而乙醯膽鹼對於記憶力又相當重要。

維生素B_6（吡哆醇／pyridoxine）參與一百多種酶的代謝，在血清素、腎上腺素、去甲腎上腺素和γ－胺基丁酸的合成中發揮作用。雌激素（estrogen）和皮質酮會耗盡維生素B_6。我要提醒大家，蔬菜冷凍後，其維生素B_6的含量會減少五十七％至七十七％。因此，如果你的大部分飲食主要是冷凍食品，那麼你應該改吃新鮮的食物。

維生素B_9（葉酸／folic acid）備受人們的關注，對孕婦來說尤其重要。在懷孕期間缺乏維生素B_9，可能會導致胎兒有缺陷，比如脊柱裂，這是一種神經管缺損疾病。一般情況下，葉酸對於紅血球的分裂和替換、蛋白質的新陳代謝與葡萄糖的作用，都相當重要。

維生素B_{12}參與身體中每一個細胞的新陳代謝，它影響DNA（去氧核糖核酸）的合成，以及脂肪酸的合成和能量的產生。如果你是眞正的素食主義者，應該注意維生素B_{12}的攝取，因爲維生素B_{12}大多存在於動物性食品中。你也能夠在某些發酵的豆製品中，或者在蛤蜊、蚌、螃蟹、鮭魚、雞蛋和牛奶中，發現維生素B_{12}。

同半胱胺酸（homocysteine）會損害大腦，而抑制它的方式之一是攝取足夠多的維生素B群，尤其是葉酸，它可以分解同半胱胺酸。另一個抑制同半胱胺酸的方法是藉助膽鹼的消耗。

很少被人提及的是維生素B_7（生物素／biotin）。維生素B_7參與糖的新陳代謝和某種脂肪酸的形成。維生素B_7的缺乏很少見，其症狀則較爲常見——失眠、輕度憂鬱、焦慮和對於疼痛過度敏感。維生素B_7的理想食物來源是蛋黃、肝、花生、蘑菇和花椰菜（青花菜）。

表6中對缺乏維生素B群的症狀和富含維生素B群的食物進行了整理。

由於萊納斯·鮑林（Linus Pauling）宣稱維生素C可以治百病，因此它受到人們的廣泛關注。人們通常用維生素C來預防普通感冒，但其實它的很多功效都相當重要，其中就包括預防維生素C缺乏症。在大腦中，維生素C是製造去甲腎上腺素所需要的（Subramanian, 1980）。維生素C是主要的抗氧化物之一，就像一個「清道夫」，具有消除自由基的作用。

已經有研究報告指出，維生素E是另一種重要的抗氧化物，可以保護血管和其他組織不被氧化。據報導，維生素E可以延緩阿茲海默症的發病時間（Sano, 1997），並能緩解帕金森氏症的症狀。

大腦是效率很高和適應性很強的器官，然而它也可能產生自我毀滅的情況。例如，壓力和不良的飲食習慣會產生自由基，而這些自由基會從其他分子中偷竊電子，損害細胞，對身體造成破壞。

表6：缺乏維生素B群的症狀與富含維生素B群的食物

	維生素 B_1	維生素 B_2	維生素 B_6	維生素 B_{12}	維生素 B_9
缺乏症狀	↓警覺性 疲勞 情緒不穩定 ↓反應時間 睡眠障礙 易怒 易疲勞	顫抖 懶散 緊張 憂鬱症 結膜充血 ↑壓力反應	緊張 易怒 憂鬱症 肌無力 頭痛 肌肉刺痛 意識混亂	思維遲緩 意識混亂 精神病 口吃 四肢發軟 憂鬱症	記憶障礙 易怒 懶於思考 憂鬱症
富含該維生素的食物	燕麥片 花生 麩皮 麥芽 蔬菜 啤酒酵母 葵花子	肝 乳酪 大比目魚 鮭魚 牛奶 雞蛋 啤酒酵母 野生稻	麥芽 哈密瓜 豆類 牛肉 肝 全穀類	雞蛋 肝 牛奶 牛肉 乳酪 腎臟 比目魚 螃蟹	胡蘿蔔 深色葉菜 哈密瓜 全麥粉 杏 橘子汁

由自由基引起的細胞損傷被稱為「氧化壓力」（oxidative stress），它會導致缺乏注意力，並造成認知和情緒方面的問題。氧化壓力和飲食中抗氧化物的不足，會隨著年齡增長而產生累積效應。一項研究顯示，透過測量抗氧化物在血液中的含量可知，抗氧化物的增加能夠提高中老年人的記憶力。

值得慶幸的是，你擁有一個抗氧化物防禦系統，這個系統會「吞掉」自由基，還會阻止自由基的生成。攝取抗氧化物營養素（比如維生素E）對於這個防禦系統的維護和運作相當重要。

維生素E的作用表現為它在各種脂肪酸和膽固醇分子之間「築巢」。當自由基威脅或損害其中一種脂肪酸時，維生素E會在自由基引發傷害細胞的連鎖反應之前，捕獲和抑制這些自由基，使它們無法發揮作用。

維生素E的理想食物來源：

- 杏仁
- 核桃
- 地瓜
- 葵花子

・全麥粉

・麥芽

在你服用了Omega－3脂肪酸補充劑，或者吃了很多魚之後，維生素E可以逆轉對細胞膜危害極大的「脂肪酸變腐臭」過程。

礦物質和植物營養素不應缺乏

礦物質對大腦的良好運作也很重要。與大腦相關的礦物質分為兩類：巨量營養素和微量營養素。大腦中含有的巨量營養素多於微量營養素，巨量營養素包括：鈣、鎂、鈉、鉀和氯化物。微量營養素也叫作「微量元素」，它們在人的大腦和身體中的含量較少，包括：鐵、錳、銅、碘、鋅、氟化物、硒、鉻、鋁、硼和鎳。如果大腦中有大量的微量營養素，就會導致大腦功能出現障礙。例如，患有阿茲海默症者的大腦中，鋁的含量過多。儘管對「鋁如何進入大腦」這一問題存有爭議，但毫無疑問的是，鋁在大腦中的含量過多將具有破壞性。

鈣是大腦中含量最多的礦物質，它對很多腦功能的發揮具有輔助作用，包括神經組織的發育、正常心跳的維持、血液凝塊的形成、骨骼和牙齒的強度、鐵的產生、穩定的新陳代謝和神經元之間資訊的傳遞。鈣會激發神經遞質的釋放，並控制突觸傳遞資訊的效率。在神經遞質被釋放之後，鈣增強了隨後發生的突觸連結強度。

鈣的理想食物來源：

- 乳製品
- 菜豆
- 鮭魚
- 大白菜
- 杏仁
- 青花菜

鎂參與了人體內三百五十種酶發揮作用的過程，具有維持新陳代謝、幫助肌肉收縮、支持肝功能和腎功能的作用。在將血糖轉化成能量的過程中，鎂發揮了重要的作用；對於複製遺傳物質的細胞來說，鎂也是必要的元素。鎂還有利於鈣、維生素C、磷、鈉和鉀的吸收。

和鈣一樣，鎂參與了神經衝動（Nerve impulses）的傳導。缺鎂會導致人易怒、緊張和情緒低落。鎂還控制著對於學習和記憶來說十分重要的海馬迴中的關鍵受體。適量的鎂對於維持神經可塑性是必要的。鎂是麩胺酸的重要受體守門員，可幫助這個受體接納有意義的輸入，增強突觸連結的效用。

鎂的理想食物來源：

- 小麥和燕麥麩皮
- 糙米
- 堅果
- 綠色蔬菜

鐵參與了血清素、多巴胺和去甲腎上腺素的合成，在產生這些神經遞質的許多酶反應中，鐵是輔助因素。在將膳食脂肪酸轉變成對大腦相當重要的酶的過程中，鐵也具有重要作用。

植物營養素可以在植物類食物的色素中發現，具有抗氧化能力。它包括類黃酮（flavonoids），在綠茶、大豆、蘋果、藍莓、接骨木和櫻桃中，可以發現類黃酮，這就解釋了藍莓爲什麼受到大衆媒體的許多關注。研究人員已經證實，多吃藍莓可以改善人的認知能力和運動機能。

抗氧化能力從高到低的水果依次是：藍莓、黑莓、草莓、樹莓和李子。李子的抗氧化能力還不及藍莓和黑莓的一半。

案例分析：南西的脂肪酸問題

南西向我抱怨，她總是感到很累、壓力很大，還有記憶障礙問題。她認爲自己「有些深埋心底的祕密需要出來透氣」。

當我問她，爲什麼她認爲自己受到過去問題的折磨，她回答：「我只是感覺不爽，但現在沒有什麼事情讓我心煩。我應該快樂。除了我的感覺之外，一切都很好。」

我的第一項任務就是爲南西做一次心理狀態測量，判斷她是否罹患了憂鬱症。測量後，問題浮出了水面，那就是她的飲食品質非常差。早晨，她會在路邊的速食店買一份油炸墨西哥捲餅當早餐，由此開啓一天；在上午的短暫休息時，她會吃一些甜甜圈，喝一杯咖啡；午餐時，她會吃炸雞塊；下午，她會吃炸薯條或乳酪小麵包；晚餐則是炸雞、炸薯條、炸莫札瑞拉乳酪條或其他油炸食品。

南西表現出缺乏必需脂肪酸的所有症狀，比如：

・頭皮屑較多
・皮膚乾燥
・頭髮乾燥且難以梳理
・指甲脆弱且易磨損
・總是口渴

我向她指出，如果她改善自己的飲食品質，精力就會更充沛，許多症狀也會消失。

「只是飲食問題嗎？」她問：「我知道有許多人跟我吃同樣的食物，你難道不能幫幫我而不是轉移話題嗎？」

我告訴南西，我們需要一個展開心理治療的堅實基礎，而且她攝取過多反式脂肪酸的問題必須受到重視，因爲這會導致她的思考能力以及透過神經可塑性學習新東西的能力下降。

「好吧。」她開始讓步，「如果我感覺好一些，就會改變飲食結構。」

「如果你不做出這些改變，就不會感覺良好。」我告訴她，「你不能再吃任何油炸食物了。」

我們達成了一致的意見，在她每天服用一次Omega－3脂肪酸和維生素E補充劑後，我會教她一些提高記憶力的技巧。停止攝取反式脂肪酸並且服用營養補充劑，能促進健康細胞的生長，使神經可塑性變成可能。

一個月之後，南西的精力開始變得旺盛，思緒也變得更加清晰。在接下來的幾個月裡，她逐漸可以使用FEED法來重新連結大腦了。

攝取大腦需要的脂肪酸

南西的飲食問題實際上很普遍。她沒必要停止所有的脂肪攝取，只要不攝取無用的脂肪即可。南西沒有攝取有用的脂肪，比如人體必需的Omega－3脂肪酸。這些脂肪非常重要，假如有人形容你為「肥頭大耳」，你應該說「謝謝」。事實上，你的大腦是由六〇%的脂肪組成的。因此，你需要適當的脂肪來生成大腦及身體其他部位的細胞膜。這些脂肪被稱為「脂質」（lipids），其中有一大類被稱為「脂肪酸」（fatty acids）。脂肪酸具有許多關鍵作用，如果你得不到足夠多的、合適的脂肪酸，大腦將無法在最佳狀態下發揮功能。

有兩類脂肪酸是必需的：亞油酸（linoleic acid）和α-亞麻酸（alpha-linolenic acid）。人體不能自行生成必需脂肪酸，必須從食物中攝取。亞油酸是一種Omega-6脂肪酸，存在於植物油中，比如紅花油、向日葵油、玉米油和芝麻油。α-亞麻酸存在於堅果、亞麻仁和綠葉蔬菜中。你既需要攝取亞油酸，也需要攝取α-亞麻酸，因爲其中一個不能生成另一個。

一個神經元能夠與其他神經元產生突觸連結的平均次數，爲一萬次。神經可塑性依賴於改變你的思想和行爲，並且以突觸的健康爲基礎；突觸的健康則取決於能否獲得有用的脂肪。

與人體的多數組織相較，突觸膜含有較高濃度的DHA（二十二碳六烯酸/docosahexaenoic acid）。DHA是一種Omega-3脂肪酸，存在於鮭魚、鯖魚、沙丁魚、鯡魚、鳳尾魚和鱒魚中。如果缺乏DHA，突觸膜的完整性就會受到損害。在此情況下，最好的狀態是神經元無法好好發揮功能，最壞的狀態則是神經元會死亡。

DHA對於保持細胞膜的柔軟和彈性，非常關鍵。與此相反，飽和脂肪會導致細胞膜變硬。這種差異會產生深遠的影響。柔軟、富有彈性的細胞膜，能夠改變受體的形狀，而受體對於神經遞質進入指定位置來說是必要的。如果受體是由堅硬或僵硬的脂肪所組成的，就會被固定住，不能擺動或擴展，也就無法讓神經遞質進入指定位置。結果將是，神經元之間的資訊傳遞會出現短路或中斷。這意謂著你的大腦在神經元之間傳遞資訊方面會出現麻煩，難以培育神經可塑性。

美國國家衛生研究院的研究人員已經發現，在DHA和血清素含量之間存在正相關。DHA的含量愈高，血清素的含量也愈高（Hibbelin, 1998）。如果細胞膜的脂肪構成出現變化，這種變化將會改變關鍵酶的活動。例如，必需脂肪酸參與了L-色胺酸轉化爲血清素的過程，並控制它的分解。人體利用DHA製造更多的神經元突觸，這些突觸擁有更多的神經末梢，進而可製造出更多的血清素。這反映出DHA在維持穩定和積極情緒方面的重要作用。DHA對防止認知能力下降，特別是預防阿茲海默症也相當重要。

EPA（二十碳五烯酸／Eicosapentaenoic acid）是Omega－3脂肪酸的活性成分之一，與支持血清素和多巴胺等神經遞質的活動相關。因此，它對調節情緒有幫助。人體中到處都可以發現EPA，但與DHA不同的是，大腦中的EPA含量並不多。在含有DHA的同一種食物中也會發現EPA，而且含量更多。EPA的作用是促進大腦中的血液流動、血液凝固、血管活動和血液供應，還可以治療炎症。

必需脂肪酸爲大腦提供幫助的另一種方式是促進二級信差系統（second-messenger system）。當神經遞質成功地穿透細胞的脂肪膜，並且向細胞核發出信號時，這個系統就被啓動了。在細胞核中，神經遞質打開或關閉基因庫，然後基因向細胞外部釋放化學物質，從而引發更多的反應。

花生四烯酸（arachidonic acid）是一種Omega－6脂肪酸，EPA和DHA都會防止過多的花生四烯酸在身體組織中積聚。儘管在身體和大腦中都存在花生四烯酸，你卻不能從牛肉、豬肉、雞肉和火雞肉的脂肪中攝取太多花生四烯酸。花生四烯酸是許多高度炎症性疾病的前因。例如，人在老年時期攝取大量的花生四烯酸，會使罹患癡呆症的風險至少增加四〇％（Morris, 2006）。

脂肪酸與前列腺素

當脂肪酸被病毒、細菌、自由基或有毒化學物質激發時，它們就會被細胞膜釋放出來，並被轉化成前列腺素（prostaglandins）。前列腺素是激素類物質，會在大腦內部發揮多重作用。

透過一系列步驟，特殊的前列腺素可以由膳食脂肪酸生成。有三種前列腺素你需要了解：

1. **前列腺素E_1**：由向日葵油、玉米油、紅花油和芝麻油中發現的膳食亞油酸構成。前列腺素E_1對於神經遞質的釋放意義重大，它具有消除炎症的功效，並可以減少積液（fluid accumulation），增強免疫力。

2. **前列腺素E_2**：大部分透過動物脂肪中的花生四烯酸生成。在植物中極少發現前列腺素E_2，它是高炎性物質，能夠引起腫脹，並增強人體對疼痛的敏感度。前列腺素E_2能夠導致血液黏度上升（減緩血液的流動）、加速血小板的凝集（促進血液凝結），以及引起血管痙攣。前列腺素E_2也會使免疫系統過度活躍，而過度活躍的免疫系統會攻擊人的身體和大腦。

3. **前列腺素E_3**：由在亞麻仁、核桃和南瓜子中發現的α-亞麻酸組成。在某種程度上，前列腺素E_3具有消除炎症和增強免疫力的作用，它能抵消前列腺素E_2所帶來的許多影響。

脂肪攝取的不均衡會改變大腦的活動，並可能引起與大腦供血有關的多種症狀，包括：

·血管壁的彈性差
·血管痙攣
·血液黏度上升，血液中出現瘀血並形成血塊。

所有阻礙血液流向大腦的因素，都在阻撓輸送氧氣和養分到腦細胞的過程，導致人的思維混亂、心情沮喪、反應速度慢。

γ－亞麻酸是一種Omega－6脂肪酸，為大腦結構的組成部分，儘管它本身並不是大腦中的一種脂肪。然而，在γ－亞麻酸被轉化成前列腺素E_1後，後者能夠減少由過多的花生四烯酸引起的炎症，為治療神經系統疾病提供幫助。據報告說，某些患有多發性硬化症的人在接受了含有γ－亞麻酸的藥物治療後，症狀有所減輕。

如果一個人罹患了與大腦有關的認知障礙類疾病（包括阿茲海默症），他的腦脊液、血漿和尿液之中，就會出現高濃度的異構前列腺素，以及本章前面提到的脂肪酸被自由基氧化後的產物。研究還發現，在阿茲海默症患者的體內，異構前列腺素的濃度也較高，這表明異構前列腺素是診斷阿茲海默症的一個可能參考指標。

在患有創傷性腦損傷的兒童的腦脊液中，研究人員也發現異構前列腺素的濃度有所增加。研究結果顯示，受傷一天後，大腦中異構前列腺素的濃度要比沒有腦部損傷時高八倍。

愈來愈多的研究顯示，Omega－3脂肪酸能夠減輕氧化壓力（由自由基引起的細胞損傷），以及與神經和精神病症相關的炎症。Omega－3脂肪酸也被證明可以促進關鍵的神經化學物質「腦源性神經營養因子」的生長。正如你在第一章中了解到的，腦源性神經營養因子在神經可塑性方面具有相當重要的作用，而且它是神經保護劑，能促進腦細胞的神奇成長。腦源性神經營養因子對於學習和記憶新知識來說非常關鍵，它的濃度降低與神經和精神病症之間存在關聯。炎症和氧化壓力都會干擾腦源性神經營養因子的產生。

必需脂肪酸會平衡細胞激素活性所產生的影響。細胞激素由蛋白質、肽（胺基酸衍生物）和糖蛋白（蛋白質與碳水化合物的結合物）組成。當必需脂肪酸失去平衡時，細胞激素會引發炎症，促使免疫系統轉而向自己的細胞發動攻擊，並「殺死」它們。細胞激素的含量增多，已被證實與憂鬱症、焦慮症和認知障礙有關。

大腦中有灰質和白質。灰質包含神經元，白質則包含神經膠質細胞（glial cells），其數量比神經元更多，且被當作一種支援細胞。神經膠質細胞包裹住神經纖維，這種「外套」被稱爲「髓鞘」（myelin）。髓鞘擁有許多功能，其中之一是可使神經元更有效地啓動。髓鞘由各種脂肪、脂肪酸、磷脂和膽固醇組成，其中脂肪占七十五％。

膽固醇占了髓鞘的二十五％，因此對髓鞘的生長是必要的。膽固醇受到人們普遍的指責，但這是把問題簡化了。某種類型的膽固醇是有益的。高密度脂蛋白是有益的膽固醇，低密度脂蛋白則是有害的膽固醇。

當髓鞘的數量不足或受到損傷時，就會阻礙神經衝動的傳導。受損的髓鞘是多發性硬化症出現的原因之一。這種破壞性的神經系統疾病會帶來多重傷害，包括不能行走、記憶障礙和憂鬱症。

磷脂可保護大腦神經膜

磷脂（phospholipid）是大腦脂肪的另一個家族，它們既是脂肪又是礦物質（"phosphor"代表礦物質磷，"lipid"代表脂肪分子）。磷脂對於神經膜的形成非常重要，並且能保護神經膜免受毒性物質的傷害和自由基的攻擊。

磷脂醯絲胺酸（phosphatidylserine）是神經細胞膜的結構分子之一。當磷脂複合物與胺基酸中的絲胺酸結合時，就形成了磷脂醯絲胺酸。磷脂醯絲胺酸會影響神經細胞膜的流動性，可促進大腦中與神經遞質結合的膜蛋白的合成。磷脂醯絲胺酸的理想食物來源是大豆。

另一種磷脂醯絲胺酸是磷脂醯膽鹼（phosphatidylcholine），它能夠製造乙醯膽鹼，所以也是神經細胞膜的重要組成部分。磷脂醯膽鹼通常被稱爲「卵磷脂」（lecithin）。雞蛋和大豆中都含有卵磷脂，你可以買到顆粒狀的卵磷脂並撒到食物上面，眞正的素食主義者經常把它當作雞蛋的替代品。

據報告，卵磷脂可以控制同半胱胺酸的濃度。高濃度的同半胱胺酸，被證實與許多退行性疾病存在關聯。同半胱胺酸會引起血管內壁的凝血，並在動脈中生成斑塊，它也會阻止神經遞質的合成，引發損傷神經元的代謝變化。

細胞膜釋放出神經遞質，神經遞質在神經元（突觸）之間的空隙中游走，就像一把鑰匙那樣連接起受體。受體的位置被磷脂和脂肪酸所固定。如果磷脂和脂肪酸的結構受損或者品質不良（形狀易被改變），受體就無法接收神經遞質。脂肪酸補充劑已經被證明可以增進抗憂鬱症藥物的療效，部分原因就在於此。

脂肪酸失衡的巨大危害

二十世紀，典型的美國飲食構成使得美國人的必需脂肪酸攝取量下降了八○%，人們攝取的脂肪主要來自動物脂肪、植物油和加工食品。脂肪平衡也發生了顯著改變，Omega－6脂肪酸和Omega－3脂肪酸的比例爲三十比一。Omega－3脂肪酸的攝取量大幅下降，原因如下：

- 基於目前的磨粉技術，穀物胚芽有所減少（其中含有必需脂肪酸）。
- 魚吃得少。
- 反式脂肪酸的攝取量增加了二五○○%（反式脂肪酸會干擾必需脂肪酸的合成）。
- 糖的攝取量增加了二五○%（糖會干擾必需脂肪酸的合成）。
- 亞油酸的攝取量增加（玉米油、芝麻油、紅花油、向日葵油）。
- 油透過商業加工被氫化處理。

世界各地的研究結果已經顯示，脂肪酸的濃度和憂鬱症之間存在關聯。例如，對荷蘭鹿特丹市三千八百八十四名病人進行的一項研究發現，Omega－6脂肪酸相對Omega－3脂肪酸的比例愈高，人們患憂鬱症的比例就愈高。研究人員由此得出的結論是：適當濃度的Omega－3脂肪酸與積極的情緒相關。

澳大利亞墨爾本的研究人員也發現，Omega－6脂肪酸和Omega－3脂肪酸之間的比例，與憂鬱症的發病率成正比。隨著Omega－6脂肪酸的濃度超過Omega－3脂肪酸，憂鬱症的症狀就會更明顯。

比利時的一項研究也得出了相似的結論：憂鬱症患者的Omega－6脂肪酸濃度比Omega－3脂肪酸濃度高。在飲食中補充含Omega－3脂肪酸的食物，是這些研究人員提供的一致建議。

三酸甘油酯（triglycerides）含量的上升，也被發現與憂鬱症病情的加重相關，而降低三酸甘油酯的含量則可以減輕憂鬱症的病情。

令人遺憾的是，正如南西在初次見我時指出的，她原來的飲食結構絕不是個案。在美國人的飲食結構中，油炸食物的增加帶來了許多健康問題，比如肥胖症、心血管疾病和腦功能損害。

就像速食店裡的油炸食品那樣，如果不飽和脂肪在一個金屬容器中被長時間加熱，就會形成反式脂肪酸。這些反式脂肪酸是一種被改變的脂肪。必需脂肪酸是曲鏈且容易彎曲，可以幫助神經細胞膜保持電生理特性。但反式脂肪酸是直鏈的，在正常體溫下呈固體狀態，表現得像飽和脂肪。這使得它們剛性更強，不易彎曲，干擾了神經細胞膜的正常功能。

研究人員已經證明，在α－亞麻酸含量低的情況下，大腦對反式脂肪酸的吸收會加倍。當反式脂肪酸的含量升高時，Omega－3脂肪酸系列的DHA，會被品質較差的DPA（二十二碳五烯酸）所取代。這將發生在過量飲酒、攝取過多Omega－6脂肪酸，或者必需脂肪酸不足的情況下，特別在DHA和α－亞麻酸不足時更是如此。

反式脂肪酸的基本來源，是使用氫化油製作的食物，例如：

- 鬆軟餅乾
- 脆餅乾
- 甜甜圈
- 蛋糕
- 薯片
- 油炸食品
- 糖果
- 乳酪小麵包

- 蛋黃醬
- 乳瑪琳
- 植物起酥油
- 某些沙拉醬

大部分的大腦問題都是由反式脂肪酸造成的，它們會產生如下的影響：

1. 直接被神經膜吸收。
2. 阻止身體製造對大腦來說相當重要的必需脂肪酸。
3. 改變神經遞質（比如多巴胺）的合成。
4. 對大腦的血液供應產生負面影響。
5. 在減少有益膽固醇（高密度脂蛋白）含量的同時，增加有害膽固醇（低密度脂蛋白）的含量。
6. 增加血管中的斑塊數量。
7. 增加血塊的數量。
8. 增加三酸甘油酯的含量，三酸甘油酯會導致血流減緩並阻止氧氣往大腦輸送。
9. 導致多餘脂肪的堆積，這會對大腦產生破壞作用。

瑞典進行的一項追蹤二十四年的研究發現：身體質量指數（ＢＭＩ）愈高，患阿茲海默症的風險就愈大。韓國的研究人員發現，身體質量指數的升高，與經過簡明心理測驗測量出來的認知能力負相關。

腹部脂肪似乎會導致炎症。舊觀念認爲脂肪細胞是休眠的、不活動的儲存單元，但很顯然的，腹部脂肪會釋放出炎性化學物質（比如細胞激素），它與身體受傷感染或受精神創傷時釋放出來的炎性化學物質，是相同的。細胞激素與炎症和憂鬱症相關，並且會降低腦源性神經營養因子的含量；腦源性神經營養因子是神經細胞的保護者和神經可塑性的促進者。

一項針對體重超標的青少年的研究顯示，隨著身體脂肪的增加，炎性化學物質的含量也在增加，炎性化學物質與認知缺陷和憂鬱症相關。

美國芝加哥的拉許大學醫療中心對四千名病人展開了一項研究，對反式脂肪酸、飽和脂肪、銅，與認知能力下降之間的關係，進行了測試。結果發現，人體內銅含量的上升，與認知能力的下降相關，但只有在反式脂肪酸與飽和脂肪的攝取量高的時候，兩者才存在這種相關性。

大腦脂肪必須加以滋養，並給予保護。由於大腦脂肪能夠被氧化壓力損傷，因此要依靠抗氧化物網絡來提供保護。抗氧化的營養物和酶，能夠避免雜散電子傷害到細胞膜中纖弱的不飽和脂肪酸。

在芬蘭，將近一千八百人接受了有關憂鬱症的測試。那些在一週或一週以上的時間內吃兩次魚的人，其憂鬱症症狀和自殺的念頭明顯減輕。

在日本，針對二十五萬六千一百一十八個每天吃魚的人進行的研究發現：這些人的自殺率比吃魚較少的人低。在那些試圖自殺的人當中，低含量的EPA與衝動、犯罪及未來的自殺傾向，有著顯著的相關性。

健康的大腦依賴於大腦中化學物質的平衡和飲食的均衡。均衡的飲食可能是思維和情感的基礎。請注意，我說的是「可能是」，而不是「是」，因爲健康的飲食只是打下了基礎。透過改變你的行爲和思維，才可以重新連結大腦。

Chapter 6

運動與好睡眠讓大腦更強健

Healthy Habits: Exercise and Sleep

提姆來找我，希望我幫他解決失眠問題。他說：「聽說你可以使人的大腦與生理時鐘保持同步，我的大腦已經失調了。」工作和家庭讓他的壓力愈來愈大。他工作的公司正在裁員，這意謂著他必須做兩人份的工作。他不敢抱怨，因爲最不希望發生的事就是引起老闆的注意，成爲下一輪被辭退的員工。

更糟糕的是，他的工資被降了一〇％。這激怒了他的妻子，因爲她必須重新找工作，才能夠負擔兩個女兒的大學學費。當累了一天的提姆想放鬆下來睡覺時，家庭生活的緊張氛圍讓他根本睡不好。

在初次進行心理治療時，提姆看起來睡眠不足且身體處於緊繃狀態，我問他如何應對工作壓力。

「我無法讓自己集中注意力並保持清醒。」他答道：「下午喝五杯咖啡也無濟於事。」他告訴我，他會利用晚上的時間上網找工作，以防哪天被開除。

儘管提姆的實際年齡是四十五歲，但他看起來有五十多歲，而且大腹便便。當我對他的健康表示關心時，他苦笑道：「那是我最不該擔心的事情，我的當務之急是擺脫現在的困境，我的健康問題以後再考慮吧。」

當我告訴他，改善身體狀況可能有助於他擺脫現在的困境時，他差點兒要從椅子上跳起來一走了之。

提姆思考了一會兒，然後聳聳肩表示他會努力。我們開始探討能夠幫助他提高睡眠品質的方法，他首先想到的是安眠藥。在我告訴他這些藥物的所有副作用（比如第二天難以集中精力）之後，他說：「我需要睡覺！我又能怎麼辦？喝兩杯酒似乎也沒有什麼幫助。」

我問他，是否會在半夜醒來且難再入睡，他看著我迷惑不解地問：「你怎麼知道？」

「這是晚上喝酒的典型症狀。」我告訴他。

「那我應該做些什麼？」他惱火地問道。

「首先，要緩解失眠的情況。」我告訴他必須改掉下午喝咖啡和晚上喝酒的習慣。另外，晚上使用電腦的時間也必須減少。

「現實一點吧！」提姆搖著頭叫道。

我解釋說，他的大腦透過視網膜感受到來自電腦的光信號，誤認爲這是白天而不是夜晚，從而抑制了睡眠激素「褪黑激素」的生成。看起來，提姆的好奇要多於困惑。

接著，我告訴他要讓體溫在晚上降低一點。若要實現這個目的，並且消耗掉在他體內循環的多餘皮質醇，一個有效的辦法就是在睡前的三至六小時之間做運動。

「但忙了一天下來，我已經很累了！」他提出抗議。

我解釋說，透過運動，他可以緩解緊張情緒，而且能增加第二天的能量儲備。他的精力將更充沛，注意力將更集中，抗壓能力也會大大提高。

「我重新連結大腦之後，又將如何？」他問道，就像我們只是為他包紮一下「傷口」那麼簡單。

「運動和睡眠不僅能讓你重新擁有健康的生理時鐘，還有益於培養神經可塑性和促進神經元新生。」我總結道。

在當今快節奏的社會中，我們已經養成了提姆那樣的習慣，降低了神經可塑性和神經元新生的可能性。與人類的祖先相較，我們的運動量少很多，攝取的熱量卻多很多。同時，我們攝取的反式脂肪酸與飽和脂肪的數量也在增加。簡而言之，我們變得愈來愈胖，結果導致了睡眠問題。這一令人擔憂的趨勢，導致會傷害大腦的皮質醇含量提高，再加上上下班的交通壅塞、隨時可以接打的手機、電子郵件和追求轟動效應的媒體炒作，情況變得更糟了。失眠及身體不健康正在對大腦造成傷害。

經常運動有益大腦

從理論上來講，健身聽起來是個不錯的選擇，但有規律的運動卻往往是人們在方便時才會去做的事情。在這一節中，我將解釋爲什麼要把運動納入日常生活，使之成爲生活中的必要組成部分。用這個方法來促進神經可塑性和神經元新生，眞是再好不過了。

運動爲與壓力相關的身體和情緒方面的問題，提供了有效的療法。運動會使肌梭（muscle spindle）的靜止張力放鬆，這種放鬆將切斷通往大腦的壓力反饋迴路，相當於告訴大腦：「你不再有壓力了。」這樣一來，大腦就會放鬆下來。

過去，人們之所以認爲運動有益於身體健康，是因爲它有助於血液循環，並且可以鍛鍊心臟。這些年來，研究人員不但證明了最初觀念的正確性，也證明了運動時能向大腦輸送更多的氧氣，改善毛細血管的健康狀況。

運動透過提高心血管系統的效率而使血壓下降。隨著心率的加快，心臟會分泌一種叫作「心房利鈉肽」（atrial natriuretic peptide, ANP）的激素。心房利鈉肽透過阻斷下視丘—垂體—腎上腺軸的連結及其戰鬥或逃跑反應，使身體的壓力反應緩和下來。

心房利鈉肽是藉助穿過血腦屏障，並連接下視丘中的受體，來減弱下視丘—垂體—腎上腺軸的活動，而得以執行前述的任務。同時，包括杏仁核在內的大腦其他部位，也會分泌心房利鈉肽。心房利鈉肽具有抵抗「促腎上腺皮質激素釋放因子」的功效，在第二章曾提過促腎上腺皮質激素釋放因子是引起「戰鬥或逃跑反應」和心理恐慌的神經連鎖反應的環節之一。透過這種方式，心房利鈉肽消除了引起恐慌的一個主要因素。它也阻止了腎上腺素的流動並降低心率，因而消除恐慌症的另一個因素。心房利鈉肽的這些活動會讓你更冷靜。

有氧運動具有抗焦慮的功效，透過運動產生的生理改變，能夠克服焦慮導致的不良後果。例如，在某項研究中，實驗對象被注射了「膽囊收縮素－4」，這是會引起恐慌情緒的一種化學藥品，即使對沒有恐慌症的健康成人來說，這種藥物也會引起恐慌。在被注射膽囊收縮素－4之前，進行三十分鐘有氧運動的實驗對象，恐慌程度降低了；而在注射之前沒做過運動的人身上，則看不到這種效果。

運動對減輕壓力反應有幫助，因爲它做到了以下幾點：

- 分散注意力
- 舒緩緊張的肌肉
- 開發大腦資源（神經可塑性和神經元新生）
- 增加 γ－胺基丁酸和血清素的含量
- 增強心理韌性和自我克制的能力
- 調動情感以便採取行動

某個研究顯示，一項有十二個步驟的有氧運動，可以減輕創傷後壓力症候群的一些症狀。這個研究結果意義重大，因爲創傷後壓力症候群的症狀是長期且時常出現的。

運動應該是預防及治療一般性焦慮和創傷後壓力症候群的整體策略一部分。運動提高了那些能夠增強抗焦慮和抗憂鬱功效的特殊神經遞質的含量。實現這個目的的方法之一，是增加 γ－胺基丁酸和血清素的含量。簡單地運動一下，就能刺激 γ－胺基丁酸的釋放，γ－胺基丁酸是大腦首要的抑制性神經遞質。抗焦慮的藥物，比如樂平片和安定文，就是發揮了γ－胺基丁酸受體的功效，讓你安靜下來，但這些藥物都有可怕的副作用（包括導致憂鬱症），並且容易使人上癮。一旦停止服用，焦慮症狀就會再度出現，並且更嚴重。

如果血清素的含量較低，就可能導致憂鬱症和焦慮症，運動可使血清素的含量上升。當你的身體將脂肪酸分解成肌肉所需的能量而使脂肪酸減少時，血清素的含量就會上升。因爲這些脂肪酸與L－色胺酸（血清素的前體）會爲了載送蛋白質展開競爭，並增加了血液中的脂肪酸濃度。而L－色胺酸必須擠過血腦屏障，才會被合成血清素。血清素的含量也可以在腦源性神經營養因子那裡得到提升，而腦源性神經營養因子的含量可以透過運動提升。

在《運動改造大腦》（*Spark: The Revolutionary New Science of Exercise and the Brain*）這本書中，約翰．瑞迪（John Ratey）指出，規律的有氧運動可以使身體平靜下來，爲處理更多的壓力做好準備。有氧運動提高了生理反應的臨界點，幫助大腦加強神經細胞的基礎建設，啓動那些可以分泌特殊蛋白的基因，保護腦細胞不受到傷害和不發生病變。

運動也提高了神經元的壓力臨界點。有些人抱怨運動使他們感到疲憊，我反而認爲「這是好事」。事實上，在運動時你應該讓自己疲憊，因爲之後你就會因此而受益。爲了強健身體，你正在將身體推離舒適圈。瑞迪指出，運動可以促進「壓力—恢復」（stress-and-recovery）過程，因而能強身健腦。在細胞層面上，這種「壓力—恢復」過程會在三個方面發揮作用：

- 氧化
- 新陳代謝
- 興奮

當葡萄糖轉化成細胞能夠消耗的能量時，氧化壓力就在細胞內發生了。葡萄糖被細胞吸收時，也會產生無用的副產品。線粒體是細胞的能量工廠，它將葡萄糖轉化成三磷酸腺苷（細胞可消耗的主要燃料）。這一轉化過程也會產生三種自由基，這在第五章介紹過。一般情況是，細胞會分泌出具保護性的酶，以做爲清除這些自由基的抗氧化物質。

當細胞不能分泌足夠的三磷酸腺苷時，代謝壓力就產生了。這好比它們把「燃料」用完了一樣。這種情況之所以會發生，是因爲葡萄糖不能進入細胞，或是細胞內沒有足夠的葡萄糖。最後，當三磷酸腺苷短缺到無法滿足過多麩胺酸活動所需的、額外增加的能量需求時，就會產生興奮性毒性壓力（excitotoxic stress，它會損害神經元）。

幸運的是，運動促進了處理不同類型壓力的修復機制的建立，這些修復機制有助於包括大腦在內的整個身體的恢復。這個「壓力－恢復」過程不只是具有強化作用，而是在許多層面進行實際的重建。

威力最大的修復分子的名字，看起來就像一個虛擬的字母組合，但是它們的作用非常重大。例如，運動激發了以下能夠提升大腦表現的激素：

- 類胰島素生長因子－1（Insulin-like growth factor, IGF-1）
- 血管內皮生長因子（Vascular endothelial growth factor, VEGF）
- 成纖維細胞生長因子－2（Fibroblast growth factor, FGF-2）

類胰島素生長因子－1是由肌肉釋放出來的一種激素。在運動期間，當需要向細胞提供燃料時，肌肉就會釋放出這種激素。類胰島素生長因子－1會加速胰島素的分泌。由於葡萄糖是大腦的主要能量來源，類胰島素生長因子－1與胰島素會一起向腦細胞輸送葡萄糖，並且控制葡萄糖的含量。在運動時，大腦中的腦源性神經營養因子會增加。類胰島素生長因子－1與腦源性神經營養因子聯手，共同活化神經元，以分泌更多的血清素和麩胺酸。慢性壓力會增加皮質醇的含量，並且降低類胰島素生長因子－1的含量，運動則能逆轉這個過程。

讓細胞得到燃料是非常重要的，而運動是構建和增強血管韌性的一種方法。透過在體內和大腦中生成更多的毛細血管，血管內皮生長因子就可以發揮援助的作用了。血管內皮生長因子可以增加血腦屏障的通透性，使得那些對神經元新生來說極其重要的物質在人運動時可以順利進入大腦。

成纖維細胞生長因子－2對神經元新生相當重要。它能幫助組織在體內的生長，當它在大腦內部時，會對長期增強效應提供幫助（Ratey, 2008）。同時，這些修復因子會阻止慢性壓力的破壞作用，控制壓力激素皮質醇，也會提高讓你平靜、積極和精力充沛的調節性神經遞質（血清素、多巴胺和去甲腎上腺素）的含量。

運動還被證明可以促進幾種基因的生長，增進大腦的健康程度，使大腦壽命更長、免疫功能更強。運動－刺激轉錄（Exercise-stimulated transcription），也就是將DNA的遺傳訊息轉移到RNA（核糖核酸）的過程，有助於實現神經可塑性。神經可塑性包括對腦源性神經營養因子的刺激，而腦源性神經營養因子可以增強記憶，並促進海馬迴中的神經元新生。

當運動加快了血液循環時，已經聚積在突觸附近的儲備庫中的腦源性神經營養因子，就被解除了束縛。類胰島素生長因子－1、血管內皮生長因子和成纖維細胞生長因子－2，會穿過血腦屏障、毛細血管網，以及篩阻細菌等入侵者的緊密排列細胞。這三種激素與腦源性神經營養因子共同作用，加速了能夠提升認知和記憶能力的分子處理過程。

透過因運動而加強的細胞處理過程，可讓幹細胞分化爲神經元或膠質細胞。然而，光是運動仍不足以維持神經元新生。研究發現，運動加上優越的環境，將使神經元新生持續下去。換句話說，爲了維持神經元新生，你需要在運動之外進行心智練習。也許這就是有些專業運動員聰明，而有些專業運動員不那麼聰明的原因所在。

運動已被證明是促進神經元新生的一個有效方式，尤其是在新鮮且有啓發性的環境中運動。「學習」相當重要，因爲新生神經元出現在參與新知識學習（記憶）的海馬迴區域。因此，「運動」和「學習」共同刺激了神經元新生。透過運動，人體可製造出新的幹細胞，而透過學習，則延長了它們的存活時間。

因此，最好的運動是將心血管功能的提高和學習新技能相結合。

自發的運動似乎效果最佳，因爲它的特點是沒有壓力，不包含θ腦波。當你密切關注某件事情時，大腦會產生θ腦波，但你在吃飯、喝水或採自動駕駛時，則不會產生θ腦波。自發運動不是盲目或習慣性的行動，而是你決定去做的事情。由於額葉負責做決定，活化大腦的這個區域便是神經元新生的關鍵所在。也就是說，除非你付出努力和專注力，否則不可能學到新知識。

總之，有大量的證據顯示，運動有助於你的學習，但這種益處發生在運動之後，而不是在運動時。這是因爲在高強度的運動期間，血液會從前額葉皮質流出，以確保身體能應對生理上的挑戰。由於前額葉皮質是大腦中的大腦（執行中樞），所以對於學習來說，它是必不可少的。運動結束之後，血液重新流回前額葉，集中精神的能力就得到了加強。因此，正如約翰．瑞迪建議的那樣，不要在健身房的橢圓機上邊運動邊爲法學院的入學考試做準備，要等到你從運動中獲得最大的收益後，再去學習。

如何才能將運動納入學校的課程，幫助學生們提高學習能力？芝加哥西部內珀維爾市（Naperville）的一所學校，嘗試將一項運動計畫設爲學校課程，旨在提高學生的學習成績和培養親社會行爲。國際數學與科學教育成就趨勢調查是一項國際標準化測驗，全世界有二十三萬名學生參與這項測驗。內珀維爾市八年級學生的科學成績排名第一，數學成績排名第六（名列新加坡、韓國、台灣、香港和日本之後）。因此，內珀維爾市學生的成績要遠高於普通美國學生。

許多因素都可以解釋這一個結果。原因之一可能是只有六％的美國中學開設體育課或健身課，另一個原因可能是美國孩子平均每天花在電腦、電視上的時間多達五個小時。

運動爲學習帶來的好處，引起了美國部分州教育局的注意。加州教育局已經證明，體適能指數較高的學生，考試成績也較好，對記憶力、注意力和課堂行爲也有著積極的影響。

最佳的運動處方

運動即良藥，運動不足則是一帖劣藥。五十多年前，人們就開始搜集證據以證明運動能夠帶來各種好處。

運動已經被證實可以減少引起炎症的化學物質。例如，在一項大規模的研究中，研究人員檢查了一萬三千七百四十八名年齡超過二十歲的人後，發現運動能夠減少導致炎症的化學物質C反應蛋白。運動的次數愈多，C反應蛋白的濃度就愈低。進行劇烈運動的人中，只有八%的C反應蛋白濃度上升，而不參加運動的人中，C反應蛋白濃度上升的人占二十一%。運動的益處惠及各個年齡層的人。對八百名年齡在七十至七十九歲的老年人的檢查結果顯示，適度運動和劇烈運動，與較低濃度的C反應蛋白相關。

缺乏運動對大腦中的幹細胞及神經元新生，都有不利的影響，但過度運動的後果也是如此。相較之下，適度運動和劇烈運動都對幹細胞和神經元新生具支持作用。要記住，不運動和過度運動都不利於大腦健康。一定要適度的進行

表7：運動對大腦的影響

生理機制	影響
基因表現	↑神經可塑性
腦源性神經營養因子	↑神經可塑性
類胰島素生長因子－1	↑神經保護
神經生長因子	↑神經可塑性
血管內皮生長因子	↑神經元新生
海馬迴	↑有效的神經元新生
長期增強效應	↑連接
毛細血管生長	↑有效的氧氣和葡萄糖

劇烈運動。

就算只是**思考**運動，也能夠活化大腦中相同的神經元系統。人們把心智練習的作用，與實際運動的效果進行對比，透過觀察大腦皮質的活動及隨後的身體活動能力，發現心智練習不但爲大腦帶來改變，也改善了身體的活動能力。

心智練習和實際運動活化的是大腦的同一個區域，這個發現促使研究人員去觀察，心智練習是否提高了實際的身體活動能力。他們發現，在五天的心智練習之後，緊接著做兩個小時的運動，確實提高了身體的活動能力，它和進行五天的運動所得到的效果是一樣的！

這些發現支持了長期以來運動心理學推崇的一個觀念：透過在大腦中預演，能夠提升現場表現。無論針對哪種運動，這一點都是正確的。

雖然想像自己能把某件事情完成得愈快，你眞正完成這件事情的效率就愈高，但這樣做的效果是有限的。例如，如果你習慣使用右手，與其想像移動左手，你比較能夠好好想像移動自己的右手，也能做到將右手移動得更好。

如果你中風了，導致一側身體的活動能力較差，這種局限性也依然存在。沒有患病的那一側身體，移動的眞正速度和想像中一樣快，因爲無論你是在頭腦中想像移動還是眞正移動，都是由同一個大腦系統操控的。

獲得充足睡眠的方法

睡眠被廣泛研究的時間已超過八十年。自從一九三〇年代以來，研究人員已經確定了睡眠類型和睡眠階段。

睡眠的第一階段實際上是從清醒到入睡的過渡狀態，腦波表現爲快波。如果你在睡眠的這一階段醒過來，可能會說自己根本沒睡著。

睡眠的第二階段是淺睡，腦波表現爲 θ 腦波。許多失眠的人抱怨自己不能入睡，事實上他們經歷的正是睡眠的這一階段。你睡了大半夜的時間，卻一直在淺睡。在存在壓力的情況下，這一階段的時間會比下一階段長。

第三階段和第四階段是深度睡眠，腦波表現爲慢波或 δ 腦波。深度睡眠在使身體放鬆的同時，也增強了免疫力。如果你的深度睡眠被剝奪，免疫系統就會受到抑制，身體也會感到疼痛。壓力會促使去甲腎上腺素和腎上腺素的釋放量增加，而減少了深度睡眠的時間。如果你的睡眠被剝奪，下一次入睡後，首先出現反彈的就是深度睡眠期，這代表了深度睡眠對整體健康而言非常重要。

處在快速動眼期（rapid eye movement）睡眠的人，若是被喚醒，他會認爲自己正在做一個生動的夢。隨著年齡的增長，快速動眼期會減少。在快速動眼期，身體的大部分功能幾乎和清醒時的狀態差不多，新陳代謝很快，精力充沛的神經遞質也十分活躍。出於這個原因，快速動眼期的睡眠又被稱爲「異相睡眠」（paradoxical sleep）。你會夢見自己在跑步，而且大部分器官表現得就好像你眞的在跑步一樣。

雖然一般每隔九十分鐘，你就會經歷一次快速動眼期，但大多數快速動眼期都發生在睡眠週期的後期，占健康成人睡眠時間的二十五％。

睡眠的晝夜節律

睡眠受到晝夜的影響。陽光透過眼睛進入大腦，視網膜將資訊傳送給位於大腦中間位置的松果體。松果體對此光線做出的反應是，透過抑制褪黑激素的分泌，讓大腦認爲這是白天而不是睡眠時間。天黑後，視網膜會向松果體發出應該分泌褪黑激素的資訊，讓你安靜下來。這個週期被稱爲「晝夜節律」。

由於你在白天接受陽光照射的時間長短，會影響睡眠，因此，在白天時，你應該盡可能地接受光線照射，讓晝夜節律與自然的晝夜交替規律相吻合。如果你有失眠的困擾，就不要在深夜使用電腦了，因爲電腦螢幕的亮度會誘騙大腦調整至白天的狀態，導致你的晝夜節律不符合眞實的晝夜交替規律。因此，在上床睡覺前的幾個小時，你更需要柔和的光線。

你的晝夜節律不僅取決於日照時間，還取決於體溫。在理想的情況下，晚上入睡時，你的體溫應該處於下降的過程中。早上起床時，體溫應處於上升的過程中。隨著你起床、受到日光照射並且到處走動，體溫會進一步上升。

如果你罹患了失眠症，會難以調節自己的體溫。你的體溫在晚上應該下降時卻在上升。如果你在白天沒有做任何運動，這種情況也會發生。白天的運動能夠使你的體溫在晚上下降。

睡眠與大腦的關係

睡眠對大腦的健康來說相當重要。如果你沒有足夠、規律性的睡眠，就會造成許多方面的問題。例如，相關研究已經證明睡眠對某種基因的生長過程、蛋白質的合成和髓鞘的形成，具有決定性的作用。沒有髓鞘的存在，神經元就不能有效地啓動。睡眠對膽固醇的合成和轉化，也是相當重要的，而膽固醇是髓鞘的重要組成部分。

睡眠不足會導致體重增加，即使睡眠不足只有一週也會這樣，因爲飢餓素（ghrelin）的分泌增加了，它會使你的食慾旺盛、飯量增加。同時，能抑制食慾的瘦素（leptin）則會減少分泌。如果食慾旺盛的同時睡眠減少，你就會更喜歡吃澱粉類、富含碳水化合物的食物、甜品和其他高熱量的食物。睡眠不足的人攝取這些食物的比例，比睡眠充足的人高出三十三％至四十五％。這類型的食慾旺盛，似乎不會促使人們去吃水果、蔬菜或富含蛋白質的食物。

有證據顯示，睡眠不足會損害人的注意力、新學知識和記憶力。你忍受睡眠不足的時間愈長，這些能力受損的程度就愈嚴重。神經科學中最具革命性的發現之一，是神經元新生發生在海馬迴的某一區域。研究證明，睡眠不足會弱化這些幹細胞生長和神經元新生的能力。

突觸鞏固（突觸連結的加強）對於記憶的形成相當重要。在睡眠中，不穩定的記憶痕跡會被重新配置爲更持久的長期記憶痕跡（Frank, Issa, and Stryker, 2001）。因此，人在白天的記憶會在晚上睡覺時被重新喚起並得到鞏固。

「爲什麼不回家想想，第二天再做決定？」這句話確實很明智。早晨起床時，你不但會充滿活力，而且想出來的點子也是奠基於前一天的重要記憶。神經可塑性的過程，從白天開始並延伸至整個睡眠期；正是由於這種延伸，你才能夠獲得新的深刻見解。事實上，古往今來，有不少人們在睡了一個好覺之後有了偉大見解的趣聞逸事。

例如，蘇聯化學家德米特里・門捷列夫（Dmitry Mendeleyev）就是因爲睡了一個好覺，才根據原子量排列元素而得到元素週期表的。德國藥理學家奧托・勒維（Otto Loewi）是一九三六年的諾貝爾生理學或醫學獎得主，他在半夜醒來，產生了神經元如何透過化學信差（現稱神經遞質）進行交流的靈感。

避免失眠

有些人試圖透過一些方法來改善睡眠，卻加劇了他們的睡眠問題。幾乎所有人至少都有過一次失眠的經歷，對許多人來說，失眠是他們正在面臨的一個問題。大約有一半的人說，他們每週都會有一個夜晚無法入睡，十五%的人每週有兩個或更多個夜晚無法入睡。有焦慮和憂鬱症狀的人，更容易有睡眠障礙。如果你感到緊張且心事重重，就會難以放鬆地進入夢鄉。壓力提高了活性神經遞質（去甲腎上腺素、腎上腺素和皮質醇）的含量，這些神經遞質通常在夜間處於平靜狀態。如果你感到焦慮、憂鬱或有壓力，一想到第二天等待你的是什麼，就會處於一種既興奮又緊張的狀態。

許多因素會導致失眠，包括年齡、醫療條件和藥物。當我們變老之後，睡眠品質會下降。生活方式和環境因素也會導致失眠，具體項目如下：

- 臥室的空氣品質差
- 體溫高
- 咖啡因
- 尼古丁
- 酒精
- 糖
- 睡覺前吃難消化的食物
- 饑餓
- 只在睡覺前運動
- 根本不運動
- 白天打瞌睡
- 在深夜使用電腦
- 溫暖的臥室
- 偶爾出現的噪音和異常的噪音
- 光線

咖啡因會阻斷大腦中的腺苷（adenosine）受體而引起失眠。腺苷可以促進睡眠，尤其是慢波睡眠（深度睡眠）。

酒精會導致深度睡眠和快速動眼期的減少。隨著酒精在體內代謝完畢，也會讓你在睡眠週期中醒來。據估計，有一〇%的睡眠障礙是由酒精引起的。如果你有睡眠障礙又常飲酒，就應該在睡覺前幾個小時停止喝酒或者乾脆不喝。

如果你是典型的在早上醒得很早且再也不能入睡的人，那麼應該讓自己接受清晨陽光的照射。這會確保你的松果體不會一整天都在分泌褪黑激素，並且讓體溫在睡覺時降低。如果你會在半夜裡醒來且再也無法入睡，就應該讓自己接受中午時分的陽光照射。這麼做會讓你在睡眠週期中獲得較低的體溫，從而保持睡眠狀態。

與失眠相關的疾病：

- 纖維肌痛（Fibromyalgia）
- 亨丁頓舞蹈症（Huntington's disease）
- 腎臟病
- 甲狀腺功能亢進
- 帕金森氏症
- 癌症
- 哮喘
- 高血壓
- 心臟病
- 支氣管炎

- 癲癇
- 關節炎

人們已經發現，某些藥物會導致失眠。不幸的是，許多醫師沒有提醒他們的病人，失眠正是所開藥物的副作用之一。

某些導致失眠的藥物：

- 去充血劑
- 治療帕金森氏症的藥物
- 皮質類固醇
- 治療哮喘的藥物
- 利尿劑
- 食慾抑制藥
- 治療心臟病的藥物
- 治療腎臟病的藥物

可改善睡眠的生活習慣

運動、均衡飲食、白天接受陽光照射及睡在涼爽的臥室等方法，都可以改善睡眠。史丹佛大學的研究人員研究了運動爲五十五至七十五歲成年人的睡眠所帶來的影響，他們發現，在下午運動二十至三十分鐘的人，入睡所需時間比其他人少一半。兩項綜合分析的結果顯示，運動有助於提高人的整體睡眠品質，不僅可以增加睡眠時間，而且延長了慢波睡眠的時間。

在睡前的三至六小時之間做運動，可以提高睡眠品質，因爲這麼做能提高心率和體溫，又有足夠的時間讓心率和體溫在睡覺之前恢復到正常水準。有氧運動具有的鎮靜和抗憂鬱功效，也可以改善睡眠。

同樣地，在晚間把你的體溫降低，是一個改善睡眠的好方法。涼爽的臥室可以使你進入深度睡眠，相反地，溫暖的臥室帶來的是淺睡。洗熱水澡可能會使體溫降低，洗澡時體溫會升高，但在睡覺之前它會下降。

飲食也會對你的睡眠產生重大影響。富含L-色胺酸（可轉化成血清素）的食物會讓你平靜，而富含蛋白質的食物（比如魚）則不易讓你產生睡意。蛋白質會增加富含血漿的大型中性胺基酸含量。單一碳水化合物（比如白麵包）對那些患有睡眠障礙的人沒有什麼幫助，而複合碳水化合物（比如全麥麵包）則有幫助。這是因爲單一碳水化合物會增加胰島素的含量，導致L-色胺酸的含量在短期內增多，最終增加血清素的含量，但這只會是短期現象。單一碳水化合物會引起血糖含量增加，讓你在睡眠週期中甦醒過來。至於複合碳水化合物則會促進L-色胺酸向血清素的長期轉換，血糖含量增加速度較爲緩慢。

維生素和礦物質含量也會影響睡眠。缺乏維生素B群、鈣和鎂會抑制睡眠，晚上服用一片鈣鎂片，有助於放鬆身心，緩解腿部的不適。

因爲大腦很容易被新奇事物給吸引，所以在睡覺時要努力將不重複的聲音減到最少。應該在睡覺之前關掉電視，因爲電視會不時地吸引你的注意力並讓你醒過來。相反地，白色噪音（比如電風扇的噪音）是單調的，它可以掩蓋掉其他噪音（比如狗叫聲和汽車警報聲）。有些人整個晚上都開著電風扇，只是爲了製造白色噪音。品質好的耳塞也能過濾噪音。

制定睡眠時間表

美國睡眠疾病協會列舉了原發性失眠的症狀，具體如下：

- 入睡和維持睡眠有障礙。
- 睡眠紊亂，導致白天疲倦不堪。
- 社會交往或工作中出現重大問題。
- 失眠的持續時間超過一個月。
- 失眠的頻率為每週三次或更多。

．入睡時間或睡著後中途醒來的時間超過三十分鐘。
．在預計起床的三十分鐘前就醒來。
．一天的總睡眠時間為六．五小時或更少。
．睡眠效率低於八十五%。

原發性失眠常常與一般性焦慮和某種形式的憂鬱相關。確實，許多有憂鬱和焦慮症狀的人，都在尋求治療失眠的辦法。具有諷刺意味的是，對睡眠不足的過度擔心，反而會導致失眠。

你也許會誤以爲失眠是一種如此普遍的病症，所以醫師們會隨時爲你提供幫助。然而，多數醫師並沒有在睡眠研究方面受過良好的培訓。在一個由美國國會資助的研究中，睡眠研究先鋒威廉．德門特（William Dement）發現，許多醫學專業的學生在睡眠研究方面只受過平均四十分鐘的培訓。

這種訓練的缺乏，反映在治療失眠上就是方法欠佳，在抽樣調查的幾百萬份病歷中，沒有發現關於失眠的報告。因爲醫師通常不詢問這個問題，可能有九十五%的睡眠障礙沒有得到確診。當聽到病人關於失眠的抱怨時，醫師們的常見作法就是開安眠藥，根本不顧及許多醫學雜誌宣導的，採用非藥物方法治療失眠的建議。

患有憂鬱症的人經常會在凌晨，也就是快速動眼期醒來。太多的快速動眼期會導致憂鬱症，快速動眼期的減少則會減輕憂鬱症狀，這已經得到證實。睡眠不足的人通常少了一半的快速動眼期，而且只會在重新進入慢波睡眠之後，才又出現快速動眼期。當你在一個睡眠不足的夜晚醒來時，可能會感覺很糟。一般情況下，當你接受陽光照射並到處走動時，隨著體溫上升，會感覺好一些。然而，你對睡眠不足的看法將影響一整天的情緒。如果你覺得睡眠不足是一個問題，心情就會沮喪、不愉快。

針對睡眠不足帶來的影響，人們已經進行了大量的研究。因爲多數關於睡眠的研究都是在大學裡進行的，我們因此了解到睡眠不足給大學生帶來的影響。那些睡眠不夠但努力維持每晚至少有五個小時睡眠的學生，在認知能力方面沒有顯著的下降。然而，如果他們的睡眠時間每晚少於五小時，認知能力就會受到影響。

某位傑出的睡眠研究者也是一名狂熱的帆船賽選手，他對環球帆船賽成績的評估，爲五小時睡眠的假設提供了更多的支持證據。他發現，那些睡眠少於五小時的選手，因爲做出了錯誤的航行決定而失利。然而，那些睡眠時間超過五小時的選手，比賽成績也不理想，因爲他們不夠清醒，無法準確做出重要的航行決定。睡眠時間正好是五小時的選手，比上述兩組人的表現都好。

現在，許多研究人員把五小時的睡眠視爲生物需求的底線，因此，五小時的睡眠有時被稱爲「核心睡眠」（core sleep）。你正是透過核心睡眠，進入了深度睡眠和一半的快速動眼期睡眠。

不需處方就能買到的那些有助於睡眠的藥物，具有抑制核心睡眠的傾向。它們也會導致耐受性增強（即需要吃更多的藥才能達到同樣的效果）和停藥反應。

在對待失眠的問題上，有數百萬人不是在藥局購買治療失眠的藥物，就是服用醫師開的處方藥。像舒你眠（Sominex）和Excedrin PM這些在藥局就能夠買到助眠藥物，都含有治療過敏的藥物成分——苯海拉明（diphenhydramine／Benadryl），因此具有鎮靜作用。但第二天早晨起床時，你會感覺昏昏沉沉，更難以集中注意力。

有兩個大規模的調查針對治療失眠的效果進行了幾百項研究，結果顯示，治療失眠的藥物相對來說並沒有什麼效果。治療失眠的處方藥之效果，只是行爲療法的一半。用來當作失眠的長期治療藥物的苯二氮平類（benzodiazepines）

藥物，不僅沒有效果，還會造成耐受性和停藥反應。如果你規律地服用它們，將體驗到白天昏昏沉沉、淺睡和停藥反應（導致更難入睡）。

如果你正在服用治療失眠的藥物，那麼不應該貿然停藥，而是要逐漸減量。停止服用苯二氮平類藥物應該接受醫師的指導，以下原則非常重要：

1. 在第一週減掉一個晚上的劑量。選擇一個輕鬆的夜晚是明智的，比如週末的夜晚。
2. 在第二週減掉兩個晚上的劑量，但不是連續的兩個夜晚，要間隔開來。
3. 以此類推，直到服用藥物的劑量減少。
4. 按照這個作法堅持下去，直到晚上不用服藥就能睡著。

確保你的床只有兩種用途：睡覺和過性生活。如果你翻來覆去難以入睡超過一小時，就應該起床到另一個房間。離開你的床，會使得你的體溫降低，並且將注意力從「自己還醒著」的事實上轉移開來。

不要過於努力地入睡。如果你擔心自己不能得到足夠的睡眠，大腦活動就會增多。研究證明，努力**試著**入睡，會使肌肉張力增加、心跳加速、血壓升高和壓力激素分泌增多。在一項研究中，承諾將爲最先入睡的實驗對象提供現金獎勵，結果由於過分努力，實驗對象花了比平時多兩倍的時間才入睡。

爲睡眠設定時間表是另一種重新建立健康睡眠模式的方法。透過調整上床睡覺的時間（比如比平時晚很多），你會非常想睡覺，並且整晚熟睡不醒。這是因爲一個睡眠不足的人會在第二天晚上較早入睡，以彌補缺失的睡眠時間。如果失眠已經成爲習慣，你也相當重視這個問題，那麼設定一個與你的睡眠週期相匹配的時間表，是一個好作法。早上晚點起床似乎很明智，但這只會讓你在第二天晚上更難入睡。制定睡眠時間表，是要求你無論前一天晚上睡得如何，都要在第二天早上準時起床。

計算一下你實際睡眠的平均小時數，然後加上一小時。利用這個公式，你可以制定一個睡眠時間表。例如，如果你上個月平均每晚睡五小時（即使你在床上待了八小時），你也只能允許自己睡六小時。如果你平時在早上六點鐘醒來，你就應該在午夜的時候上床睡覺。你至少應該將這個時間表實行四週，目標是盡最大可能地將躺在床上的時間用來睡覺。最終，你的體溫將會自動調整，而且睡意漸濃，之後你可以將睡眠時間再增加一小時。

如果你有慢性失眠的問題，這種方法是有效的，但如果你只有一、兩晚的睡眠品質很差，這種方法則沒有效果。如果你有慢性失眠問題，任務應該是修復你的睡眠週期。透過使用睡眠時間表，將能提高睡眠效率。

負面的睡眠思維會讓短期失眠惡化為長期失眠。它會讓對睡眠的不正確想法，變成一種自我應驗預言。如果你相信這樣的思維，就會因為壓力增加而更難入睡。負面的睡眠思維將導致消極的情緒（比如憤怒），以及所有與憤怒相關的生理化學變化，這些變化都會產生刺激作用而非鎮靜作用。

糾正你的錯誤思維，並且用正確的資訊來取代它們。例如，如果你在半夜醒來，不妨嘗試用下列方法來解釋你的失眠：

- 我可能會再次睡著或睡不著。不論是哪種結果，都不會是世界末日。
- 沒什麼大不了的，至少我沒有失去核心睡眠。
- 如果今天晚上我睡不好，明天晚上我就會睡得非常好。

這種方法會讓你感到自相矛盾，卻會幫助你重新入睡。透過採用合理的睡眠思維，你將遠離壓力，輕鬆自如地進入夢鄉。另外，當你躺在床上時，利用這個機會放鬆一下。放鬆的方法，比如腹式深呼吸等，會使大腦安靜下來。白天的放鬆也有利於晚上入睡。如果每天實踐放鬆方法兩次，一次在白天，一次在睡覺前，效果最佳。這些作法能減少壓力帶來的損害。

以下這些方法可以幫助你養成健康的睡眠習慣，請參考使用：

1. 除非睡覺和過性生活，不要在床上做任何事情。不要看電視、算帳、與配偶討論收支狀況或爭吵。在床上讀書是不錯的選擇，能讓人放鬆。請將你的床與睡眠連結起來。
2. 如果你不能入睡，就起身到另一個房間。
3. 不要過於努力地試圖入睡。這會增加你的壓力，結果適得其反。試著告訴自己前文所說的三個解釋的其中之一。它將會為你留出時間來放鬆和入睡。你愈努力地想入睡，就愈難入睡。
4. 避免在晚上飲用大量液體。飲用大量液體會降低睡眠臨界點，而且會讓你被尿意喚醒。
5. 在睡覺之前要避免強光照射，不要用電腦工作到深夜。
6. 在上床睡覺之前做好第二天的所有計畫。如果你想到需要記住的事情，請起床記下來，這會讓你把應該思考和擔心的事，延到第二天。

7. 避免白天的小睡。要把在白天打瞌睡視為從晚上偷來睡眠。
8. 睡覺之前吃一些含有複合碳水化合物的小點心。富含 L－色胺酸的食物是恰當的選擇，不要吃含糖和鹽的東西。
9. 在晚上避免吃含蛋白質的點心，因為蛋白質會阻礙血清素的合成，並使人更警覺。
10. 在睡前的三至六小時之間做運動。
11. 如果有噪音打擾了你，請使用耳塞或白色噪音源，比如電風扇。
12. 睡前五小時不要喝酒。
13. 如果你受到慢性失眠的折磨，嘗試制定和使用睡眠時間表。
14. 做放鬆練習。這些練習會幫助你入睡，或者讓你在晚上醒來後能再次入睡。
15. 避免體溫過高。身上不要蓋得太多，天氣涼爽時，要將窗戶打開一條縫。夏天使用空調，冬天時臥室的溫度不要過高。

Chapter 7

人際互動可改善社會腦的運作

Social Medicine

馬克在得知甲狀腺檢查結果呈陰性之後，過來找我。他向家庭醫師詢問過有關檢查的情況，認爲自己可能罹患了甲狀腺功能減退的疾病。這種疾病的特徵就是甲狀腺素的含量低，症狀表現爲疲勞乏力和輕度憂鬱。

馬克的家庭醫師認爲馬克可能罹患了憂鬱症，因爲他非常清楚馬克總是感覺很孤獨。他告訴我，馬克頻繁地在網路上搜尋醫療資訊，以便爲預約體檢找到恰當的理由，而他的眞正目的是進入醫師的辦公室，聊一聊自己的病情。

「他好像把我當成他最要好的朋友。」這位家庭醫師說。

當我和馬克一起坐下來時，他承認除了工作上的夥伴和網路上一起打橋牌的玩家外，他沒有其他朋友。就算是牌友，他也沒有眞正地與他們建立更緊密的聯繫。在工作中，他從不與同事一起吃午飯或散步，在工作之餘，他也不會聯繫他們。我問他是否覺得孤單。

「不，獨自一個人，我覺得挺好的。」他的話無法使人信服。然後，馬克告訴我，他四十二歲了，未婚，只有過幾次約會。「人際關係太複雜了，我喜歡一個人的簡單生活。」他說。

我指出，他花了許多假日去拜訪家庭醫師，這是他唯一的社會交往。

「他是個不錯的朋友。」馬克說，之後他也意識到自己話中隱含的意思。

「看樣子你需要一個朋友。」我建議道。

「該有的我都有了。」他答道。

「你的意思是，你從家庭醫師那裡得到了你需要的一切嗎？」我問道。

「他抱怨過我什麼嗎？」馬克似乎受到了傷害。

「完全沒有。」我答道：「他很擔心你，他覺得孤單讓你感到不舒服。」

「他關心我，這眞是太好了。」他說，似乎得到了安慰，「不過，這眞的沒有必要。」他故作鎭靜。

「當有人關心你時，你感覺很好，是不是？」我問道。

馬克聳了聳肩，似乎不知道該如何回答。

我對他說，大量研究證明，那些擁有親密人際關係的人，很少發生健康問題，壽命更長，出現憂鬱和焦慮的可能性也極小。

「可能對有些人來說是如此，但我不一樣。」他斷言道。

「然而，你身上已經出現了與社會互動過少的相關症狀了，比如那些你認爲與甲狀腺功能減低有關的症狀。」

馬克揚了揚眉毛。他現在樂於了解更多，因爲他的症狀與孤獨相關。我告訴他，有一種方式可以切斷他的症狀和孤獨之間可能的聯繫，那就是加強他的社會交往。

他立刻給出否定的回答。於是，我開始向他講解，眼眶額葉皮質、鏡像神經元和扣帶迴皮質這些大腦部位，都依賴於人的社會交往。我強調，這些大腦部位有時被稱爲「社會腦」，它們能夠幫助他更有效地處理壓力，增強他的免疫系統功能，讓他較少生病。

關於大腦的這些資訊，似乎爲他的思維打開了一扇窗，至少他開始考慮建立更多與健康狀況相關的社會聯繫。他也明白可能很快就要去做與自己個性不符的事情。「即使在整個成長過程中，我也沒有交過很多朋友。」他指出，「我能做些什麼呢？」他試著讓我相信他是無法改變的。

馬克說，他在一個感情淡漠的家庭環境中長大。他總是迴避對父母的情感依附，也沒有多少積極的人際交往經驗。我描述了神經可塑性的過程，並向他解釋如何重新連結大腦，進而體驗到生活在社會環境中的那種舒適感。

「學習一種新技能，什麼時候都不晚。」我說。

「只是想一想，我就覺得不容易了。」他坦承。

我們探討了如何在人生的任何階段做出改變。儘管到目前爲止，他與幾個人建立了親密關係，但這不足以促進他的改變。在說了一些鼓勵和安慰的話之後，我指出，他若想要獲益，就必須做自己不喜歡的事情。

馬克表示，從理性和理智上，他能夠理解這一點，但他對「盡力擴展自己的社會關係」深感不安。對他來說，要將交往圈從職場範圍擴展到組織性不強的社交環境，變化實在太大。他一想到自己會被推入一個以相互認識爲目的的社交環境，就覺得無法承受。因此，我們的第一步是安排他與其他人一起做某件事。他報名參加一個自己感興趣的課程，在當地的一所社區大學學習電腦。

幾週之後，馬克發現，與一群志同道合但不是同事的人待在一起，感覺很不錯。他非常喜歡學習電腦知識，爲此又購買了一些相關書籍。

最後，馬克班上的幾個同學，請他幫忙解決電腦方面的問題，給了他提早到教室的動力，以便在他們需要時伸出援手。隨著春季假期即將到來，他告訴我，對於與同伴分離的那一週感到惴惴不安。

他的一個女同學凱倫建議他，放假期間他們倆可以帶著各自的筆記型電腦在咖啡館見面。這個建議讓他感到既擔心又興奮，他回答說：「沒問題。」

我問他，爲什麼說「沒問題」？在做出肯定答覆時卻用了一個否定詞，爲什麼不說「好啊！這主意很棒」？

馬克坦率得讓我吃驚：「我有些顧慮，如果我表現得太積極，凱倫會認爲我在追求她。」

「你對她有好感嗎？」我問道。

他的臉紅了，眼睛盯著自己的手錶。

「女人不喜歡疏遠的關係。」我解釋說：「她們喜歡能夠坦誠表達自己感受的男人。你要讓她知道，你很享受與她在一起的時光。」

他在椅子上動來動去，不好意思地看著我，然後點頭表示自己會試一試。

在下週約定的心理治療時間，我們又見面了，馬克似乎變成了另一個人。他精力充沛，臉色紅潤，神采飛揚。

我問他：「有什麼新變化嗎？」

「生活。」他答道，好像以爲我馬上就能理解他的意思。

我確實明白了：「凱倫也有同樣的感受嗎？」

「我想是的。」他回答說：「她希望這個週末能再跟我到咖啡館約會，儘管我們已經開學了。」

馬克和凱倫經常在咖啡館喝咖啡，很快的，凱倫就把馬克介紹給她的朋友們。最後他告訴我：「這就像一個我從未擁有的家庭。」那個月，他沒有再去拜訪家庭醫師。我問過他看醫師的事，他說：「我不需要他了，我說的是不需要，是嗎？」

「讓我們把你的體驗稱爲『社交療法』吧。」我建議道。

馬克告訴我，他不但體驗到了「新家庭」的快樂，而且與凱倫在一起時，他感到很愉快。然而，他擔心如果告訴凱倫，他對她的感情已經超出了朋友關係，他會失去她和所有的新朋友。

「有時，你必須在朋友關係上冒險。」我告訴他：「而且我覺得你已經準備好了。」

在下次進行心理治療時，馬克告訴我，他和凱倫已經有了第一次「眞正的約會」，他會「永遠記得這次約會的每分每秒」。

從那以後，我和馬克的見面次數愈來愈少。他告訴我，如果有需要他會打電話給我，之後他就笑了起來。

馬克不再是孤獨一人了。雖然人們時常互發電子郵件和通電話，但眞正在一起的時間減少了。一百多年前，我們的祖先置身於社會化的社區、村莊和大家庭中，相較之下，我們現在置身於一個虛擬的社區。在這個虛擬的社區中，我們彼此疏遠，透過電子設備相互聯繫。社會交往的缺乏，使得我們渴望溫暖，並透過影視作品尋求替代的感情。過去的多面向社會關係，已讓位給現今平面又淡漠的社會關係。如果你的電腦出了問題，可以打電話給位於印度博帕爾的技術支援人員，與你通話的是一個受過培訓且不帶口音的人，你覺得他可以信任。不管你家有什麼東西壞了，幾乎都不會找人來家裡修理了。

儘管存在這些發展趨勢，但一項又一項的研究顯示，積極的人際關係有益身心健康（尤其是免疫系統），人際關係差或缺乏人際交往則對健康有害。大約在本書英文版出版的十五年之前，我在一本書中用一章的篇幅來論述心理神經免疫學（Arden, 1996），這個正在發展的領域詳細研究了免疫系統、心理和情緒之間的相互關係（Cohen, 2004）。

社交療法的積極作用，會影響你的大腦及身體的許多部位，它對健康所具有的作用如下：

- 心血管反應性↓
- 血壓↓
- 皮質醇濃度↓
- 血清膽固醇↓
- 容易感冒↓

．憂鬱↓
．焦慮↓
．減緩認知衰退的情況
．睡眠得到改善
．↑自然殺傷細胞

怎麼回事？你的人際關係怎麼會對身體（包括大腦）產生如此多的影響？答案在於社會腦的各個組成部分之間會相互影響。眼眶額葉皮質、鏡像神經元和扣帶迴皮質的發育及發展，依賴於人的社會關係，它們是從你與父母建立親密關係時就開始連結的大腦系統。如果你的人際關係是積極的，就會培養出控制情緒的能力（從專業角度來說，即獲得良好的「情緒調節」能力）。當你的人際關係具有支持作用時，這些大腦系統就會相互連結，你也會感覺良好。這是因爲這些大腦系統與大腦中的情感區域（比如杏仁核）和副交感神經系統連結在一起，副交感神經系統會在你面對壓力時幫助保持鎮定。

除了眼眶額葉皮質、鏡像神經元和扣帶迴皮質之外，其他大腦系統的發展也依賴於人的社會關係。例如，社會腦的一個關鍵部分是「腦島」（insula），

表8：社會腦系統

神經遞質	大腦結構	中樞神經系統
催產素 多巴胺 抗利尿激素（Vasopressin）	眼眶額葉皮質 杏仁核 腦島 扣帶迴皮質 鏡像神經元 梭狀神經元	迷走神經

由於被捲在皮質的一個較大皺褶中，從大腦外面是看不到它的。腦島與許多社會性的感覺有關，並且構成了關於喜愛和厭惡的部分神經基礎。社會腦系統如表8所示。

這些系統為你建立豐富多面向的社會關係提供了機會。因此，社會交往包括多種形式，最基本的形式之一是建立在觸摸的基礎上。

觸摸的影響力

皮膚是人體最大的器官。它包含兩種形式的受體：一種受體可幫助你定位、確認和操控物件，另一種受體幫助你與他人接觸。第二種受體具有社會性的連結功能，而此功能被證實有利於人的身心健康和長壽。

觸摸和被觸摸，具有許多重要的進化功能。例如，在其他靈長類動物中，相互梳理毛髮可加強群體的凝聚力和親密關係。觸摸表達了對他人的信任和依附，因此，被別人觸摸比自我觸摸更令人愉快。它不但象徵著親密關係和肢體接觸，也因爲出乎意料而讓你感覺良好。

觸摸和被觸摸，促進了大腦生物化學特性的變化。伴隨著愛撫、安慰和溫柔的觸摸，你會分泌神經遞質多巴胺、催產素和內啡肽（endorphins），這會增進你與某人的親密感和幸福感。觸摸還會使壓力激素的含量降低，增強腦細胞的存活能力。

如今也已證實，對於正在忍受各種疾病折磨的人，以及照顧這些病人的人，「觸摸」能夠增強他們的免疫力。例如，有證據顯示，背部按摩治療可以增強癌症病人的免疫力。對於各個年齡層的人來說，「觸摸」被證實會對他們的異常行爲產生積極的影響。「觸摸」可以讓情緒低落或有暴力傾向的青少年受益，養老院裡煩躁不安的老年人在接受推拿按摩之後，也會平靜下來。

因此，「觸摸」是與他人建立關聯的一種重要方法，不但能爲他人的大腦帶來變化，也改變了你自己的大腦。美國前總統歐巴馬必定知道這一點，因爲他在與人握手時，經常把左手放在對方的肩頭，讓對方感覺到他的熱情。

良好養育的益處

人從出生的那一刻起，「關心他人」和「被關心」就會對大腦產生重大影響。羅馬尼亞有一個關於缺乏養育如何影響大腦的典型案例。一九八九年，人們在羅馬尼亞的孤兒院發現了超過十五萬名身體衰弱的兒童。他們營養不良，也沒有得到細心的照顧，許多人死於感染性疾病。一般情況下，一名工作人員要照顧三十個或更多的孤兒。這些兒童雖然得到了餵養且身體保持清潔，但得到的關心卻非常少。

孤兒經常使用自我刺激的原始方法，比如撞擊頭部、不停地搖擺和拍手。由於在關鍵的成長階段喪失了與人接觸的機會，他們表現出多方面的發育遲緩。在不滿一歲的嬰兒中，在孤兒院生活時間超過八個月的嬰兒，其血液中的皮質醇濃度（重大壓力反應的一項指標），比那些在出生之後四個月內被領養的嬰兒要高，缺少關愛的孤兒的皮質醇濃度更高。這表示缺乏養育的時間愈長，他們的壓力程度就愈高。

歐洲、加拿大和美國的一些中產階級夫婦，決定收養羅馬尼亞孤兒院的一些孩子，但養父母們面臨的問題十分棘手，那就是他們收養的嬰幼兒因爲早期缺乏關愛而導致了種種不良的後果。有幾項研究對這些兒童如何適應收養他們的家庭以及在學校的生活經歷進行了調查。例如，英國心理學家麥克．魯特（Michael Rutter）比較了一百五十六名在三歲半以前被收養的羅馬尼亞孤兒，並將他們與五十名在六個月大之前被收養的嬰兒進行了比較。

研究人員長期追蹤這些兒童，並觀察他們在一連串行爲中表現出來的問題。被收養的羅馬尼亞孤兒較常表現出行爲障礙的症狀，比如注意力缺失症、類似自閉症的症狀、認知損害等。對於那些兩歲之後才離開羅馬尼亞孤兒院的幼兒，他們身上存在這些問題的可能性更大。在六個月大之前離開羅馬尼亞孤兒院的孩子，與在英國受到養育的孩子相較，行爲表現上較類似。

羅馬尼亞孤兒院中，六個月大之後被收養的嬰兒，其產生行爲問題的風險增加了。如果他們在兩歲之後才被收養，這種風險將達到最大。這項研究顯示，在人生的頭一年，嬰兒若得到較好的養育，將會健康成長，若缺乏養育，就會發育不良。這對他們在以後的生活中能否成功地適應社會來說，意義深遠。

對於養育缺失，特別是早期養育缺失所產生的巨大影響的闡釋，英國的研究並不是唯一的。某些羅馬尼亞孤兒院的嬰幼兒被加拿大的成年人收養，也發生了相似的故事。加拿大的研究人員發現，在羅馬尼亞孤兒院生活超過八個月的嬰兒，存在著嚴重的發育問題，而那些在羅馬尼亞孤兒院中生活少於四個月的嬰兒，則未受到同樣程度的傷害。

同樣地，被美國家庭收養的羅馬尼亞孤兒，也表現出許多與早期社交缺失相關的症狀。他們沉默寡言、對遊戲不感興趣、有偷藏食物的傾向，情緒表達也有障礙。腦部掃描顯示他們的社會腦系統（比如眼眶額葉皮質）不活躍。

養育缺失也會導致影響很大的神經異常。一項對出生後就與母親分離的成年動物進行的研究顯示，這些動物的神經遞質分泌及其功能，存在著持續性的異常，表現如下：

- 多巴胺轉運載體基因的表現
- 多巴胺調節的壓力反應
- 血清素受體的表現
- 苯二氮平受體的表現
- 嬰幼兒對嗎啡的敏感性

·與壓力反應有關的皮質醇受體

以上所述的養育缺失極端情況並不普遍，比較普遍的是母親對年幼的孩子照料不周。假如你的母親因自身問題而分心，並且不理你，情況會怎麼樣呢？研究顯示，母親若有憂鬱症，嬰幼兒也可能近似憂鬱，即使有無憂鬱症的成年人在場，情況也是一樣。

母親的憂鬱症會給孩子造成多方面的缺陷和發育問題，既包括行為問題，也包括神經和生物發展方面的問題。

蒂芬妮．菲爾德（Tiffany Field）和同事用了二十多年的時間，證實了母親患有憂鬱症的嬰幼兒存在更多問題。例如，這些嬰幼兒表現出強烈的厭惡感和無助，較少說話，心率較快，迷走神經活力降低，在一歲時發育遲緩。

正如養育缺失會損害大腦一樣，有愈來愈多的研究顯示，養育對大腦和心理發育具有保護作用。例如，一系列的研究證明，常被撫觸的幼鼠更能抵抗壓力，並且活得更久。

在大腦系統中，因養育而受益的是海馬迴及其壓力激素（比如皮質醇）受體。過度緊張會導致海馬迴因過度暴露於皮質醇而受損，還會導致海馬迴的樹突萎縮。早期的養育會讓皮質醇受體有實際的成長。這些受體提供了一個負反饋迴路，就像一個恆溫器。當壓力激素大量分泌時，海馬迴的壓力激素受體會被啓動，並且阻斷皮質醇分泌所造成的負面效應，似乎在說：「壓力激素已夠多了，不需要了。」然而，如果受體太少，另一個不同的反應會被啓動，似乎在說：「分泌更多的壓力激素吧。」因此，如果你得到養育，負反饋迴路就會使你的壓力減小。

若你得到了良好的養育，那麼你也能夠好好的養育他人。例如，研究顯示，受到舔舐和梳理毛髮關愛的幼鼠，長大後也會如此對待牠們的後代；但未受到關愛的幼鼠，在長大後同樣會疏於照料牠們的幼鼠。在不考慮任何基因影響的情況下，研究人員讓不關心幼鼠的母鼠養育關心幼鼠的母鼠之後代，讓關心幼鼠的母鼠養育不關心幼鼠的母鼠之後代。有些幼鼠被漫不經心的母鼠生下，被體貼的母鼠撫養，牠們長大後與體貼母鼠的親生後代的行爲表現難以區分；當被放到一個不熟悉的環境中時，牠們表現得不是那麼懼怕，和那些被體貼母鼠養育的後代一樣。當體貼母鼠的後代，被漫不經心的母鼠養育時，情況正好相反：這些幼鼠長大後表現出有些神經質，並害怕成年老鼠。因此，與後天養育的影響相比，基因的影響較小。

研究人員也發現，這兩種幼鼠在海馬迴中產生糖皮質激素受體的基因活躍程度不同（糖皮質激素／glucocorticoid，相當於人類的皮質醇）。由體貼母鼠養育的幼鼠，其活躍程度是漫不經心母鼠養育的幼鼠的兩倍。很顯然，良好的養育可促進海馬迴中糖皮質激素受體的增加（Weaver, Cervoni, Champagne, D' Alessio, Sharma, Seckl, et al., 2004），從而使其更能應對壓力。換句話說，養育會打開或關閉你的基因庫。它意謂著，如果你幸運地得到良好的養育，大腦會發生結構性的變化，有利於你管理壓力。當然，這並不表示你不會產生壓力，而是與沒有受到細心養育的人相比，你爲壓力所做的準備更加充足。

儘管早期的養育很重要，你仍可以在整個人生過程中使大腦不斷受益。如果你有幸在人生早期得到深切的關愛與養育，它會讓你在社交療法方面占盡先機。透過神經可塑性的力量，若你沒有享受到積極養育的益處，就要像馬克那樣彌補養育不佳帶給你的缺憾。

在下一節，我將解釋你與父母之間的安全關係（secure relationship），如何幫助你建立與其他人的安全關係。安全關係爲良好的身心健康打下了基礎，如果你還沒有體驗到這些類型的關係，現在彌補還來得及。如果你已經幸運體驗到與父母之間的安全關係，便建立了進一步擴展這種關係的基礎。

依附關係決定人際關係

打從出生後，情緒就成爲你與養育者進行交流的工具。你的情緒可以被理解爲感覺、體驗和行爲，這些表現主要基於你對意義重大的場合和事件所做出的反應。

親密關係從出生當下就開始了，並爲你的溝通技巧打下基礎。由於親密關係反映了你對養育者的依附程度，因此心理學家稱親密關係爲「依附關係」。早期的親密關係在語言能力發育之前就開始了，而且許多基本的依附關係都形成於右腦占優勢地位的階段，即人出生後的最初兩年。之後，右腦繼續在評價、情景化和建立人際關係體驗上，發揮著決定性的作用。

在協調早期的依附關係方面，杏仁核發揮了重要作用。因爲杏仁核與大腦的其他部位緊密相連，會對輸入的刺激資訊非常迅速地做出是非、好壞、美醜的判斷，並賦予其情感價值。杏仁核會對來自身體內部的刺激賦予情感價值，也會對透過耳朵、眼睛和皮膚輸入的外部刺激賦予情感價值。就像右腦一樣，在辨識臉部表情，以及解讀你從照顧者及其他人那裡接收的情感交流，杏仁核都扮演著非常重要的角色。

發展心理學家利用各種方法探索早期依附關係如何對一個人後來的人際關係類型和狀況產生重大影響。例如，瑪莉・安斯沃思（Mary Ainsworth）設計一個名爲「陌生情境」的實驗。安斯沃思當時在美國約翰・霍普金斯大學心理系工作，她在實驗室裡放置單向觀察鏡、桌椅和少量玩具，邀請媽媽和她們的嬰兒在房間內玩玩具，然後一個陌生人進入房間並坐了下來。

研究人員將觀察嬰兒們會如何應對這一變化，他們是停止玩玩具、靠近媽媽，還是繼續玩玩具。然後，媽媽會和陌生人一起離開幾分鐘，之後媽媽返回房間。接著，媽媽再次離開房間，讓嬰兒獨自待在那裡。透過這種方法，研究人員識別出嬰兒表現出來的幾種依附關係，以及媽媽們的行爲表現。

依附關係分爲安全型、逃避型、矛盾型和混亂型。在安全型依附關係中，嬰兒對媽媽的離開表現出不悅，媽媽一回來，嬰兒就會安靜下來。嬰兒對媽媽的安慰表示歡迎，並且很快就會恢復對環境的好奇心。在逃避型依附關係中，嬰兒似乎對媽媽的離開和返回表現得漠不關心。在矛盾型依附關係中，當媽媽離開時，嬰兒通常顯得很悲傷，並把媽媽的離開與陌生人連結起來；當媽媽返回時，嬰兒會有生氣和冷淡的反應，對於是否繼續玩玩具表現得猶豫不決。混亂型依附關係是四種依附關係中最糟糕的，嬰兒在媽媽返回時的反應是愣幾秒鐘或搖擺身體，缺乏有條理或協調一致的應對策略。

研究依附關係類型的人認爲，嬰兒自己不能創建依附關係，確切地說，他們是透過感知父母的行爲反應來建立依附關係的。兒童的依附行爲，與媽媽的行爲和交流方式密切相關。媽媽對嬰兒的反應有多種表現形式：

- 孩子的依附關係為安全型的媽媽，能準確地理解嬰兒傳遞的資訊，迅速且始終如一地對孩子的需求做出反應，而且心態積極。
- 孩子的依附關係為逃避型的媽媽，通常會忽視嬰兒的痛苦，不鼓勵哭泣，表現冷淡。
- 孩子的依附關係為矛盾型的媽媽，行為表現前後不一致，對於孩子的心理狀態有時會注意，有時則會漠不關心。
- 孩子的依附關係為混亂型的媽媽，有辱罵他人、行事衝動和情緒低落的行為表現。

因此，你在社會環境中建立的依附關係，是以周圍人的行爲表現爲基礎的。例如，某種依附關係在有些文化環境中，比在其他文化環境中更普遍。有報告顯示，在德國北部，逃避型依附關係占優勢地位。在日本，依附關係爲矛盾型和難哄的嬰兒在數量上占明顯優勢。

在逃避型依附關係占優勢的德國北部，母親將嬰兒短暫留在家中或超市外面是常有的事。這種撫養方式造成的結果是，嬰兒學會了獨處，對於母親返回房間，近半數嬰兒的反應不大。

在矛盾型依附關係占主導的日本，母親和嬰兒極少分離，很少有臨時託管的情況，即使託管也都是把嬰兒交由爺爺奶奶照顧。因此，日本嬰兒很少有與母親分開的經歷。那些參與實驗的嬰兒在與母親短暫分開之後，表現得非常沮喪且難以安撫。

此時此刻，你也許會想：「這些都很有趣，但這跟我有什麼關係呢？」答案是，你在一歲之前建立起來的依附關係，會影響你的性格養成，這種性格會在你以後的生活中明顯地表現出來。縱向研究得出的結果是，一個人的依附關係類型會持續到成年，在六十八％至七十五％的成年時間內保持不變。（瑪莉・梅因〔Mary Main〕的研究結果顯示，此資料略有升高，超過八〇％。）

依附關係類型持續的時間如此長，有可能透過重新連結大腦來改變嗎？一項針對大腦重新連結程度所進行的研究顯示，即使是養育缺失情況最嚴重的嬰兒，也存在重新連結大腦的可能性。麥克．魯特觀察到，藉助富含刺激因素的環境，可以治癒早期的依附創傷。研究人員得出的結論是審慎樂觀的：在某種程度上，給兒童良好的養育可以克服早期養育缺失帶來的影響，即使養育缺失極其嚴重也有效。

如果你的依附關係不佳，又不能透過重新連結大腦去改變，你是否有可能將這種關係遺傳給孩子？愈來愈多的證據顯示，父母對嬰兒的反應方式，取決於父母自身的依附關係類型。許多關於依附關係的研究在成人身上同樣適用。瑪莉．梅因研發了一個可靠的成人依附類型評估量表——「成人依附調查問卷」。對父母的依附關係類型進行界定，可以預測其孩子的依附關係類型，準確率高達七十五％。

如果你的大腦受到安全型依附關係的重新連結，可能會在以後的生活中獲得安全感。研究指出，有五十五％的成人可以歸入這一類別。如果你的成長伴隨著安全型依附關係，很有可能認爲得到喜愛和關心是值得的，建立人際關係是相當輕鬆的事。你會在這些關係中變得容易相處和感到滿足，期望伴侶在你遇到困難時能讓你依賴、給你支持。你的自尊心強、適應性強、求知慾強，你樂觀向上，樂於接受新思想。當因爲誤解而與人發生爭論時，你較容易忽視被拒絕或侮辱的感覺。

然而，如果你對人際關係心存疑慮並且擔心伴侶不是眞的愛你，你就會成爲大約二〇%的族群的一員。你認爲自己沒有價值，過分依賴他人，容易沉迷於某些事情。你擔心被拋棄，容易產生戒備心。

逃避型依附關係的族群大約占成人的二十五%，如果你屬於其中一員，可能會對親密關係感覺不舒服並且難以相信伴侶，不願意與別人分享你的感受，甚至不會有意識地去了解他們。

的確，如果你在童年時體驗過不安全的依附關係，會傾向於用防備心理和不信任的心態，看待這個世界和身邊的人，你可能難以維持自尊心，並且有悲觀的傾向。如果你身邊的人並不完美，他們所說或所做的事情也不完美，你將很難原諒他們，不願和他們繼續交往下去。

一項研究顯示，不安全型依附關係與生活中的焦慮和情緒障礙有關。如果你屬於這一類型，請特別關注第三章和第四章的資訊及建議。另外，屬於安全型依附關係的人發生心理障礙的機率則較低。

無論你在兒童時期的依附關係是不是安全型的，都可以重新連結大腦並構建安全感，這種安全感將會爲你帶來積極的人際關係。它要求你像馬克那樣，透過把自己暴露在起初感覺有點危險的社交情境中以重新連結大腦。

挑戰自我並走出舒適圈，比看上去要容易實現。在爲了促進社會關係做準備之際，你可以想像自己與其他人成功交流的情景。這會刺激到某些在你實際進行社交活動時使用的神經元。一項名爲「促發」（priming）的技術被用於讓人們信任過去他們不信任的人。例如，在以色列的阿拉伯學生和猶太學生之間，「促發」得到了有效的應用，即在他們與那些看起來不安全的人交往前，先促發他們的正面想像和對安全感的聯想。

如果你感到焦慮或者是逃避型的人，就可以利用「促發」技巧。使用愛、幸運、擁抱和支援等詞語，正向的依附想像和聯想就能被促發。透過增加「照顧別人」的想法和積極的依附關係，你會產生更多同情心，在幫助他人時，心中不會感到痛苦，而是充滿無私情懷。

爲了體驗社交療法的好處，你需要像馬克那樣冒險，並且把安全感建立在人際關係的基礎上。你愈努力，得到的獎賞就愈多。如果你覺得孤獨寂寞，不妨這樣想：讓自己擺脫這種境況，並沒有什麼損失。

鏡像神經元與同理心

以目標為導向的行為和對未來進行規畫，是前額葉皮質的功能。在進化過程中，前額葉皮質變大，戲劇性地將人類與類人猿區分開來。人類前額葉皮質中的特殊神經元和大腦的其他部位高度社會化，正如我在第一章描述的，鏡像神經元會增強你的模仿和社交能力。

在對鏡像神經元的早期研究中，人們研究了猴子，主要關注額葉部位，因為額葉與表達能力相關。在人類的大腦中，這一部位被稱為「布羅卡區」（Broca's area），與語言表達息息相關。在非人類的靈長類動物身上發現鏡像神經元的事實，顯示我們的感知能力和透過手勢進行表達的能力，與我們共同的祖先相關。對人類而言，從語言、手勢交流到書面交流的轉變，是與額葉的增大和鏡像神經元系統的擴展同時進行的。模仿行為和鏡像神經元之間的關聯之一，是你聽某人講話時自己的舌頭也會動。

因此，鏡像神經元在人類進化的過程中具有關鍵作用。隨著我們祖先的社交世界變得更複雜，以及傾向於更精細的社交情境面向，人類的大腦也變得更複雜，並支持這些社交技巧。皮質發育成多層的反饋迴路，增強了對社交情境的本能和自動反應的控制力。對社交場景和情境的複雜性進行客觀評估的能力，對於生存競爭來說意義重大，它不僅對攻擊行爲進行控制，而且增加了繁衍成功的機會。

在進化的過程中，迫於人口增長和資源競爭的壓力，交流的需求增多了。鏡像神經元是支持人類進行手語交流的複雜系統，它能促使社交活動進一步發展。藉助語言交流，鏡像神經元得以進化和發展，這賦予了人類戰勝其他物種的巨大競爭優勢，並且增強了人類產生同理心和建立親密關係的潛能。

鏡像神經元還賦予你完成許多動作的能力。如果你模仿身邊人的行爲，就會成爲其他人的鏡像。也就是說，如果某人準備揮動右手打你，你就會用左手阻止他。由於它讓你在身體受到威脅時迅速做出反應，因此它具有適應性。

神經科學家已多次指出，鏡像神經元是同理能力的構成要素。科學家在額葉、頂葉後部、顳葉頂部和腦島，都已經發現了鏡像神經元，因此，鏡像神經元的功能遠比簡單的動作模仿要複雜得多。

鏡像神經元除了會讓你在別人打呵欠時也打呵欠之外，還會幫助你理解他人的意圖，了解他們的感受，與他們產生同理。同理能力與右側軀體感覺皮質（somatosensory cortex）相關聯，而此皮質區與整個身體結構相關聯。左側軀體感覺皮質受損並不會導致同理能力的喪失，而右側軀體感覺皮質受損則會使人失去同理能力。

由於鏡像神經元也可能是同理能力的神經生物基礎，它們會讓你對悲傷和沮喪的人產生反應。有天賦的演員善於挖掘觀眾的同理能力，因此你會對演員所扮演角色的痛苦感同身受。

瑪爾科．亞科博尼（Marco Iacoboni）提出了「超級鏡像神經元」的假設，在最高級鏡像神經元之上，又定義了一個層級的鏡像神經元。這些超級鏡像神經元的作用是調控最高級鏡像神經元的活動。

超級鏡像神經元使你從對「我們」的基本感覺出發，形成對自己和他人的正確認知。超級鏡像神經元也會抑制最高級鏡像神經元，所以當你看到某人做動作時，你不會衝動地模仿他的動作。例如，當你看到一個人在打另一個人時，你不會跟著衝上去打那個人。

義大利神經科學家賈科莫．里佐拉蒂（Giacomo Rizzolatti）領導的研究小組發現，鏡像神經元「使我們不必透過概念性的推理而是透過直接的模仿，就可以領會他人的想法，你只需感覺而不必思考」。鏡像神經元是心理理論（Theory of mind）不可或缺的組成部分，心理理論是我們每個人都擁有的一種能力，它是你嘗試理解和預測他人行爲的過程。研究人員發現，非人類的靈長類動物，比如黑猩猩和狒狒，也具備同樣的能力。你可能在五歲前就擁有了這方面的能力。這種能力的神經基礎，與你在計畫自己的未來時的神經基礎是一樣的，它使你能夠對他人的行爲做出預測。

大腦中有幾個區域與心理理論相關，包括杏仁核、腦島和前扣帶迴皮質。當左眼眶額葉皮質對心理狀態進行推斷時，右眼眶額葉皮質則會對心理狀態進行解碼。心理理論技巧主要包括三個方面：

1. 自我相關的心理狀態
2. 目標和結果
3. 行動

心理理論技巧可以幫助你洞察他人正在思考什麼或感受如何。沒有這些技巧，你就不能眞正有效地與他人進行交流。每個人對心理理論技巧的掌握程度都不同，患有自閉症的人很少或根本不具備心理理論技巧。

某些研究人員甚至提出，對他人的惻隱之心就是對自己的憐憫。在此，我們把「惠人達己」（giving is receiving.）視爲關於大腦的眞理，麻木不仁和自私自利對大腦及心理健康實質上是有害的。即便是目睹利他行爲，也能增強你的免疫系統。因此，同理能力和相親相愛的關係，對大腦及心理健康是有益的。

與同理和洞察能力相關的，還有眼眶額葉皮質及前扣帶迴皮質，它們都富含梭狀神經元。這些區域與我們對他人的情緒反應有關，特別是與同理有關。比如，聽到一個嬰兒的哭泣聲，會讓你對這個嬰兒產生憐惜之情。大腦的這些區域也與你的愛心相關，當你發現一個有魅力的人或者看到你所愛之人的照片時，它們就會活躍起來。

學習愛與被愛的能力

爲什麼墜入愛河會讓人充滿喜悅？爲什麼馬克在認識凱倫之後充滿活力？縱觀人類的整個歷史，許多關於愛的理論大多是爲神話提供了素材，而不是用來說明問題。以「靈魂伴侶」這個概念爲例，它源於柏拉圖，即人在宇宙中還有另外「一半」，只有彼此結合才會讓每一個人變得「完整」。儘管對這樣的兩個人是相互吸引還是彼此排斥，存在很多爭論，但有一個基本的方法可用於了解當你墜入愛河時大腦裡發生了什麼事。檢測大腦裡發生的變化並不會讓愛貶值，我在本書中多次提到，大腦和思維是同一事物的兩個面向。思維的任何變化都會改變大腦，反之亦然。如果你和另一個人之間存在「化學反應」，當你們在一起時，你們倆的身體內部就會產生化學反應。

墜入愛河是一個令人欣喜若狂的體驗，同時伴有強烈的幸福和愉悅感，因爲你的愉快中樞被啓動了。例如，在熱戀期，你的多巴胺系統充滿了能量。從第一眼看到你的伴侶開始，你的前額葉皮質就會與多巴胺系統一起運作，讓你注意到這個有魅力的人。注意力促使你的大腦釋放更多多巴胺，並且告訴海馬迴要記住這個有魅力的人。大腦釋放的多巴胺愈多，你能記住這個人的機率就愈大。

你的迷戀程度和眼眶額葉皮質對情緒的調控，對你如何與這個人接觸具有一定的作用。這些傾向進一步影響你做出多大的努力去向他示好，並且享受一種平衡的人際關係。記住，太多的右額葉活動與消極退縮的行為相關。努力讓左額葉活躍起來並產生積極的感覺，會讓你推動兩人的關係朝著快樂的方向發展。

以下關於「愛的化學反應」會給你幸福、愉悅的體驗：

- 第一眼望過去，前額葉皮質會告訴你：「請注意！這個人很有魅力。」這使大腦釋放多巴胺。
- 海馬迴會將第一印象記錄下來。
- 伏隔核（愉快中樞和成癮中樞）被多巴胺啟動。如果你與所愛的人被迫分離太久，你就會產生類似戒斷症狀的感覺。
- 在多巴胺讓你興奮之後，中隔區（septal region，另一個愉快中樞）將被啓動。這一區域在性高潮時也會被啓動。

- 你和伴侶在冒一種風險，那就是對多巴胺產生了耐受性。經歷過最初的衝動之後，多巴胺會變少。你和伴侶必須製造新奇感，以此來刺激多巴胺的分泌。

最初的幾次約會讓你沉浸在喜悅之中，那是因爲你的伏隔核被啓動了。這與毒品、賭博、色情作品和其他能夠上癮的東西，所啓動的是同一個大腦區域——愉快中樞。有些人無法啓動大腦系統的其他部位，並且不能將愛情推進到一種更成熟的形式。他們對墜入愛河的感覺上癮，會很快展開下一段戀情，不停地尋找那種興奮刺激感。

由於多巴胺迴路依賴新奇感而存在，所以你和伴侶會慢慢地失去熱戀時的興奮感，甚至會厭倦彼此。爲了防止彼此的關係變得冷淡，你們應該一起做一些新奇的事情，比如旅行和浪漫的約會，爲多巴胺系統補充能量。透過啓動多巴胺系統，新的體驗帶來的快感會使你們的關係升溫。

在「中隔區」被啓動後，你會對其他體驗產生積極的感覺。例如，當你與伴侶在陽光明媚的日子裡約會時，那一天似乎變得五彩斑斕、芳香四溢，你們在彼此眼中也格外完美。伴侶身上的任何缺點都不復存在了，缺點都變成了優點。一切事情都完美無瑕，平時讓你心煩的事情也不成問題了。你大腦中的新增記憶和連結，基本上都是積極的體驗。

爲了長期維持積極和安全的依附關係，你必須刺激大腦中那些可促進親密關係的神經化學物質。值得慶幸的是，大腦中的神經化學物質具有讓長期親密關係成爲可能的潛力。催產素和抗利尿激素是可促進親密關係建立的兩種基本激素。催產素幫助那些正在形成親密關係的人互生好感。當你與自己喜歡或者給你安全感的人親密接觸之後，催產素的含量就會增多。當你認識到感覺很親近的人時，抗利尿激素會升高，好像在說：「噢，原來是你！」

催產素的功能好比一種神經調節物質，可以協調神經遞質的活動，並且增強或抑制突觸連結的有效性。因爲它會促進所有哺乳類動物建立親密關係，所以有時它被稱爲「擁抱神經調節物質」或「奉獻神經調節物質」。催產素含量相對較高的動物都是一夫一妻制，典型的例子就是草原田鼠，牠們會與同一個配偶廝守一生。女性在勞動和哺乳期間，會釋放出催產素；在養育孩子、擁抱、做愛和達到性高潮時，男人和女人都會釋放出催產素。

在親密的戀愛關係中，一旦多巴胺讓人興奮起來，催產素就會讓人產生溫暖和依附的感覺。某項研究指出，當人們聞到催產素的氣味時，更容易參與投資博弈，放心地把錢交給別人打理。

你確實可以利用人際關係的神經化學基礎，來使你的長期承諾變得更可信。例如，當催產素與多巴胺結合在一起（當新奇的經歷激起興奮感時才會發生）時，將會產生恆久的愛意和承諾，讓人感到興奮、安全和滿足感。我希望馬克和凱倫之間也是這樣。

請利用社會腦系統來重新連結你的大腦，加強人際關係。如果你爲了擴展及改進社會關係和親密關係，而努力重新連結大腦，你將享受到社交療法的巨大益處。

Chapter 8

彈性應對世事變化的智慧

Resiliency and Wisdom

瑪麗亞在經歷一次又一次的打擊之後，前來向我求助。她的父親去世了，這個打擊對她來說太大了，她在六個月後才慢慢地從悲傷中掙脫出來。之後，她的貓死了。她非常喜愛這隻貓，晚上總是讓貓躺在她的膝蓋上。她用了兩個月的時間才走出這個陰影。當一切看起來都很順利時，她又被調到新的工作崗位。她已經與同事們相處得非常融洽，一想到自己必須認識一群完全陌生的人，她有些退縮。後來，她發現這群新同事與她的老同事一樣容易相處。幾個月之後，她開始與一位鄰居每天晚上一起散步，卻不幸扭傷了腳踝，不得不拄著拐杖走路。

瑪麗亞抱怨說：「我不像大多數人那樣有耐性，爲什麼在糟糕的事情發生後，我要用很長的時間才能重新振作起來？」

在她以往的生活中，沒有人爲她樹立一個快速振作起來的榜樣。事實上，她家庭中許多成員的心理韌性都很差。她的父親總是悲觀地抱怨所有事情，即使事情進展順利。無論發生什麼事情，父親總能發現其中的不足：他喜歡的餐廳停業了，他喜歡的電視節目被一個特別的新聞報導取代了。發生這些事之後，他會氣得幾個小時都不說話。

瑪麗亞的母親將大部分時間都用在確保丈夫一切順利，但她討厭扮演這樣的角色，只是嘴上不說罷了。瑪麗亞的哥哥完全是個被動攻擊型的人，只會操控照顧他的妻子。因此，瑪麗亞效仿的對象（她家人）都是缺乏心理韌性或活力的人。她在高中畢業後馬上嫁給了一個酒鬼，這意謂著她在成年後沒有其他可參照的榜樣。現在她三十歲，有一個十一歲的女兒，她對生活中普遍存在的壓力準備不足。即使女兒得了感冒，她也得花很長的一段時間來調整，才適應了照顧女兒又兼顧家務和上班的情況。

瑪麗亞告訴我，她既是個悲觀主義者，又是一個完美主義者。我注意到，這種心態使得她對生活中任何事件所做出的反應，都讓情況變得更糟而不是更好。她的悲觀主義讓她一開始就忽視好的選擇，也看不到黑暗盡頭的光明，這讓她更加絕望和焦慮。她的神經迴路加劇了「焦慮迴路」，進而讓杏仁核引發恐懼，她的前額葉皮質又會反覆思考恐懼產生的原因。她過度啓動了右前額葉皮質，並且抑制了左前額葉皮質的活躍性。

在幫助她重新連結大腦的計畫中，必須包含爲她「接種」控制壓力的「疫苗」。同時，她的左前額葉皮質必須活躍起來，這需要採取行動以激發所有相關的積極情緒。

瑪麗亞抗拒這個計畫，對此我並不吃驚。在我解釋了神經可塑性如何實現之後，她表示想試試看。我告訴她，必須擺脫受害者的角色，因爲她認爲自己的生活就是一連串痛苦的經歷，而且是自己無法控制的。相反地，她需要學會掌握控制權，也就是主動決定什麼樣的事情可以在她的生活中發生。在慢慢地重新獲得對控制權的合理認知後，瑪麗亞較能好好地啓動神經可塑性了。若想要重新連結大腦，需要她做出改變，而不是像受害者那樣被動對發生的事做出反應。爲了讓她記住重新連結大腦的步驟，我建議她記住FEED這個縮寫詞。

由於瑪麗亞需要一個重新連結大腦的實際場所，我建議她在工作中要積極主動。例如，她可以主動向新團隊申請成爲委員會的委員。她的反應是：「我與他們相處得輕鬆愉快就行了，爲什麼要做這件事？」

「問題就在這裡。」我說：「你必須把自己要做的事情當作一種預防接種。透過擴展你的舒適圈，就可以提高對壓力的承受能力。」經過我苦口婆心的說服後，她勉強同意了。我提醒她，如果爲了完成我們之間的約定而勉強自己去做這件事，那麼她仍然在扮演一個被動的受害者角色。事實上，當她對於毛遂自薦感到猶豫不決時，仍然是把自己當成一名受害者。在她使用FEED法，並且做一些似乎有違天性的事情之前，她無法培養出心理韌性。

第二天，瑪麗亞主動申請擔任委員。一週後，她再次見到我時，她說委員會的成員感到驚喜，並且感謝她的主動申請。

當委員會的任命工作結束後，她問我，現在辭職是不是明智的？因爲她已經盡力做過了。

「正好相反。」我明確地說：「現在才剛剛開始，你的任務是繼續擴展舒適圈。記住，FEED法中的第二個E強調的是**努力練習**，直到你做起來輕鬆自如爲止。」

瑪麗亞雖然難以接受，但仍堅持在委員會工作下去。實際上，她對委員會最近的一個方案提出了自己的建議。我表揚了她的主動性，並且建議她主動申請擔任委員會的主席。她說：「你是在開玩笑吧？」

「你覺得呢？」我反問道。

她點頭表示同意，顯然她理解了我的意圖。

在讓瑪麗亞重新連結大腦的計畫中，需要她產生中等程度的壓力，以促進神經可塑性的變化。隨後，一些障礙和不成功的情景自然會出現，但她對此早有心理準備，因爲她透過主動參與而獲得的中度壓力已爲她「打了預防針」。

挑戰很快就出現了。她所在的委員會中，有一個成員不同意她的一項提議。儘管無法確定對方的動機，但瑪麗亞卻認爲對方是在批評她這個人。我建議她忠於事實，把他的批評當作檢驗自己想法的機會。她的關注點從對方批評的動機轉向了他批評的內容，由此活化了她的左前額葉皮質。這促使她想出一個符合邏輯的策略來改善自己的想法，這時她仍然處在中度壓力狀態中。如果她處於防備的狀態，並且被他人的批評所擊垮，她就打開了恐懼的開關，也啓動了杏仁核。

擔任委員會成員的體驗和後來幾次類似的體驗，爲她提供了重新連結大腦的機會。瑪麗亞的心理韌性逐漸增強，她發現自己開始迫切希望擁有新的體驗而不是退避三舍。

關注各種可能性

心理韌性強的人會把令人沮喪的局面轉化成機會，並從中學到新東西。他們並不希望壞事發生，會將注意力集中在隱藏的機會上，以此應對糟糕的環境。例如，你可能會陷入經濟困境而不得不換一份薪水較高的工作。在原來的工作崗位上，你感覺相當舒服，但跳槽意謂著你必須在一個陌生的地方展示自己的才能。在逼迫自己走出「舒適圈」之後，你會發現新工作比原來的工作更有價值。

佛教徒把「執著」視爲痛苦的根源。他們指出，當你對一個很特別且不會出現的結果產生執著後，你會遭受失望的痛苦。你可能足夠幸運，有些接近你預期的事情確實發生了，但這眞的會讓你感到愉悅嗎？你很可能會無暇顧及對未來的另一個特別預期。事情通常不會按照你渴望的方式發生，你不是爲發生的事情落淚，就是爲你期待的事情沒有發生而沮喪失望。無論是哪種情況，你都無法活在當下。

如果這個失落的期望是簡單的，並且在人類的經驗範圍內，那麼應對這種失落感就很容易。但當眞正的不幸來臨時，情況會怎麼樣呢？有人遭受了巨大的創傷，但心理韌性讓他們開啓了新生活。我想起了亞美尼亞（Armenian）祖先，他們遭受了土耳其人的種族滅絕屠殺而倖存下來，並且在美國和法國幸福地生活。儘管他們的心靈和身體歷經苦難及創傷，但他們並沒有一蹶不振或消極地等待境遇的轉變。相反地，他們付諸行動，精心設計自己的職業生涯和組建新的家庭，在第二故鄉取得了成功。我一直被他們的心理韌性所激勵。

心理韌性就是面對逆境時要心存希望，相信逆境最終會變成順境，同時要竭盡所能地促使轉機出現。這種樂觀主義構成了情緒智商的一部分。事實上，樂觀主義不僅有益於心理健康，也有益於身體健康。在某項研究中，那些被認定爲樂觀主義或悲觀主義的人，在三十年之後接受健康狀況檢測。結果顯示，悲觀主義者的身心健康狀況堪憂，壽命也會縮短。

美國賓夕法尼亞大學的馬汀．塞利格曼（Martin Seligman）指出，悲觀主義對健康產生消極影響的主要原因是：

- 你認為自己所做的任何事情都沒有什麼意義。

．由於對中性事件的消極反應，以及徒勞和失去方向的努力，導致更多消極事件發生，讓生活中的消極事件與日俱增。

．悲觀主義導致人體免疫力下降。

基本上，悲觀主義者把自己逼進了一個失望的死胡同，消極思維讓他們無法看到生活中任何一件事情好的那一面。

如果你老是盯著事情壞的那一面，就難以對事情有正確的認識。在這種情況下，你會被一個消極的參照模式所困擾。比如，你期盼事情會以一種特殊的方式發生，但事情並沒有以那種方式發生。你沒有看到事情是如何發生的，反而只盯著「事情沒有以你希望的方式發生」的這個事實。這種情形在某種程度上與被心理學家稱爲「認知失調」的症狀相似，也就是一旦你對某件事情形成了自己的看法，就很難接受與這一看法相異的觀點。

但是，你能夠打破這種絕對化的思維方式。例如，最近我和妻子開車穿越美國內華達州的埃爾科縣進行長途旅行，我們對許多破敗的娛樂場所和商店感到震驚。我們開始產生「埃爾科是一個傷心之地」的看法，並且對於是否要繼續這趟旅行猶豫不決。之後，我們發現了一個有趣的小樂園——「飛魚」飯店。第二天早上，我們在「牛仔喬的咖啡屋」停下車，完全被紅寶石山的美景迷住了。因此，我們並不是因爲埃爾科顯而易見的一切，認定它是一個好玩的地方，而是經過深入觀察後才得出了結論。如果你能讓自己有一個更開放的心態，那麼任何地方都是旅遊勝地，值得你花時間遊玩。

樂觀主義不只是看到一個半滿的杯子。如果你正在經歷很強的壓力，可能會認爲沒有什麼事情能讓你保持樂觀。然而，如果你忽視現在的處境而去關注可能性，就會變得樂觀，並從一種自我限制的心態中解放出來。每個壓力情境都提供了探索一種做事方法的新機會。透過關注事情的可能性，你在困境之中看到的就不只是一線隱約可見的勝利曙光。這一線曙光不一定位於黑暗的盡頭，無論你在哪裡，它都會爲你照亮每一個機會。

改變情緒類型的基準點

美國威斯康辛大學的理查·大衛森（Richard Davidson）是研究大腦不對稱性和情緒的先驅，他已經證明，過度啓動一側大腦的人擁有特殊的情緒類型（affective style）。例如，相較於右額葉皮質占主導的人，左額葉皮質占主導的人會更積極，在生活中更願意扮演主動的角色，抱持更樂觀的心態。右額葉皮質過度活躍的人則屬於消極的情緒類型，他們總是過度焦慮、傷心、擔憂、被動和退縮。

這些不對稱的情感傾向，被證明在人生初期就已經出現。甚至可以說，當嬰兒哭鬧或傷心時，其右額葉皮質更活躍；當嬰兒顯示出歡快的情緒（比如高興）時，其左額葉皮質更活躍。另一項研究發現，認爲自己十分害羞的女大學生，其右額葉皮質過度活躍，左額葉皮質則活力不足。較注重人際交往的女大學生正好相反，她們的左額葉皮質比右額葉皮質更活躍。

積極情緒類型的一個重要特徵是，它具有克服消極情緒的能力。前額葉皮質和杏仁核之間的連結，在這種情感調節過程中發揮了重要作用。換句話說，你對壓力的承受能力是由抑制消極情緒的能力所左右，這裡說的消極情緒包括由杏仁核產生的恐懼。心理韌性是在面對逆境時保持積極情緒的能力。

從消極情緒狀態中走出來的能力，是心理韌性的一個重要面向。大衛森認爲，透過冥想來**培養**積極心態和樂觀情緒的人，其心理韌性更強，很容易就可以讓大腦恢復預設模式。在某項研究中，大衛森對一個西藏靜修者做了一次徹底的電生理檢測，發現此人的左前額葉皮質活動與積極情緒相關。這位靜修者的檢測結果，比普通西方人的平均水準高出六個標準差。這項研究顯示，心理韌性是左腦的功能，而不是右腦的功能。

情緒類型基準點的概念，與前述對兩個半腦的不對稱和心理韌性的研究結果，是一致的。「基準點」是一種情緒的萬有引力。雖然你可能經歷了一次巨大的不幸（比如你深愛的人去世了），或者獲得了一筆巨額財富（比如買彩券中了大獎），但在一段時間之後，你的情緒會回歸基準點。

如果你的基準點不是你想要的積極、樂觀和平靜，就必須重新連結你的大腦。方法是，促使左額葉皮質變得活躍，並且保持足夠長的時間，從而形成一個新的特質。「狀態」（state）和「特質」（trait）代表產生神經可塑性的兩個關鍵步驟。「狀態」是一種情緒，比如快樂或悲傷。多數人的情緒在一天之內會在不同的狀態之間波動，這取決於生活中所發生的事情。「特質」是一種持續的模式，多數人偶爾會陷入焦慮或憂鬱的狀態，但焦慮或憂鬱並不是所有人的特質。

如果你的情緒基準點偏向於焦慮或憂鬱，你可以使用FED法，啓動有關「狀態」和「特質」的神經可塑性，重新設定情緒基準點。你愈頻繁地激發一種「狀態」（比如平靜或充滿希望），這種「狀態」變成一種「特質」的可能性就愈大。你愈常啓動代表那種「狀態」的神經元，平靜或充滿希望就愈有可能變成你情感基準點的一個穩定「特質」。

改變你的心態

心態會嚴重影響你承受壓力的能力，以及能否重新連結你的情緒基準點。你的心態是指面對生活的方式。爲了研究不同心態的差異性，芝加哥大學的兩位心理學家薩爾瓦托·馬迪（Salvator Maddi）和蘇珊·科巴隆（Suzanne Kobasa）確定了能夠幫助人們處理壓力的心態特徵。他們研究了忙碌且事業有成的經理人，發現他們共有的三種特徵：

①**全心投入（commitment）**：這些人全心投入正在做的事情，精力充沛且興味盎然地履行職責。

②**掌控力（control）**：這些人真切地感受到他們正在做的事情盡在掌握之中。也就是說，他們把自己視爲工作的積極參與者，而不是不抱任何希望和受到工作條件的束縛。

③勇於接受挑戰（challenge）：這些人視「改變」爲採取不同行動的機遇，而不是危機。

即使你不得不處理高強度的壓力，以上三點也可以幫助你保持身心健康。它們是培養被馬迪和科巴隆稱爲「壓力—堅韌者」（stress-hardy person）的根本所在。透過培養堅韌的特質，你將能夠應對許多人都無法忍受的壓力。

在培養堅韌特質的過程中，記住你仍然需要朋友和家庭成員所支持的社交療法。馬迪和科巴隆發現壓力—堅韌者會尋求社會支持（social support），以幫助他們緩和壓力的衝擊。然而，社會支持只應該關愛和鼓勵有需要的人，而不應該使其產生自憐心理和依賴性。社會支持能夠幫助你做出選擇以及挑戰自我。

與中度壓力有助於重新連結大腦，並對重度壓力產生免疫力的原則一致，「挑戰」會將你的能量集中到需要付出巨大努力的目標上。中度壓力不會讓你感到厭倦。芝加哥大學的米哈里．契克森米哈賴（Mihaly Csikszentimihalyi）描述了人們如何在避免厭倦的同時，防止被由壓力引起的焦慮壓垮。透過投注精力在兩者之間找一個健康的平衡點，你就能夠體驗到快樂。

你的心態不只影響你如何感悟生活，還會影響你如何面對壓力，它還與你如何思考以及是否相信你有無限選擇有很大的關係。你是否將更多的精力投入在改變上？這樣的投入主要依賴於你重新連結大腦的能力，以及運用心理韌性應對壓力的能力。

抱負和好奇心對大腦的發育程度，也具有重要的作用。這兩種特質可以讓你充滿活力，懷著對生活的渴望而展望未來。它們爲你打開了未來的大門，使你願意接受新體驗。由於培養出一種永不滿足的好奇心，你會把任何環境都當成一種優越的環境。刺激多的環境會促進神經可塑性的發生，而缺少刺激的單調環境則會損害大腦。

你需要用「情緒燃料」和「積極度」來將可能性變成現實，這是「抱負」開始發揮作用的地方。透過樹立遠大的抱負，你將有可能擁有一個光明的未來。健康的抱負**不是**競爭或侵略，不是爲了達到目的而踩踏或超越他人。健康的抱負包括了好奇心，以及由目標所驅動、可擴展現有認知的使命感。

超級明星法官和貝多芬

我父親在他生命的最後一天，還在欣賞貝多芬的交響曲。在他的追悼會上，我描述了他的生活與他所欣賞的這位作曲家何其相似，他們都有心理韌性和戰勝逆境的經歷。

對貝多芬來說，心理韌性源自其與家庭的抗爭。貝多芬在維也納的海頓門下學習了一段時間，但因他母親去世了，他不得不返回波恩照顧兩個年幼的弟弟。他父親本來應該肩負起撫養孩子的責任，但是他酗酒、脾氣暴躁，無法照料他們。貝多芬將父親趕出了城，獨自撫養弟弟們。在扮演完「長兄如父」的角色之後，他返回維也納開始了自我奮鬥的生涯，並成爲第一位不靠貴族贊助的作曲家。他爲西方樂壇帶來了改變。然而，不幸的事情發生了，他還沒有創作完〈第五號交響曲〉，便失聰了。一個有著如此遠大前途的作曲家，怎麼能夠失去聽力呢？

沒想到，貝多芬竟然戰勝了這一個障礙，繼續創作交響曲、鋼琴奏鳴曲和協奏曲。每一首樂曲都超越以往，每一首樂曲都卓越非凡。〈第九號交響曲〉是他的巔峰之作，獨一無二。在我父親去世的前幾天，他驚呼道：「他怎麼能夠創作出如此宏偉的作品！」

我父親也戰勝了許多潛在的阻礙。在我的祖父母以難民身分逃到美國後不久，父親和他的兩個弟弟相繼出生。由於是從種族滅絕大屠殺中僥倖逃生，祖父母都有嚴重的心理創傷。他們的許多親人都被土耳其人殺害了，有些就死在他們面前。我的父親與祖父母展開了新的生活，即便祖父母不會說英語，還有嚴重的心理創傷，卻沒有阻止我父親進步的步伐。

經濟大蕭條以及第二次世界大戰期間在美國海軍陸戰隊服役的經歷，讓我父親變得成熟。之後，他成為一名檢察官，曾經向最高法院上訴兩起案件，在即使沒找到遇難者遺體的情況下，仍讓三人被判謀殺罪。退休後，他成為藝術方面的研究生，並獲得三個博士學位。他去世的消息被刊登在報紙頭版上，標題是「超級明星法官去世」，他因此有了「超級明星法官」的稱號。

貝多芬和我父親都討厭被束縛，他們付出巨大的努力，因而活化了他們的左前額葉皮質，將自己的能力發揮到極致。

心理韌性有助於重新連結你的大腦。如果你擁有這種心態，就會奮力於實現目標，不輕言放棄，並敞開懷抱迎接周圍的一切。

你可能會說，當你受限較少時，這些概念聽起來都不錯，但是當逐漸衰老的身體和愈來愈多的生理限制等變化，需要你調整自己時，又會怎麼樣呢？衰老會對心理韌性構成挑戰嗎？如果你不再年輕，要如何迅速恢復活力呢？

延緩大腦衰老的十個方法

龐塞·德萊昂（Ponce de Leon）之所以被人們記住，是因爲他徒勞無功地尋找不老泉。他被西米諾爾（Seminole）部落的人派去搜索現今美國佛羅里達州所在的區域，但一無所獲。西米諾爾人需要想辦法將西班牙征服者趕出他們的領地，他們或許已經知道，不老泉的神話來自一般人害怕衰老會導致不幸發生的心理。據說不老泉能夠阻止衰老的副作用發生，他們很可能知道根本沒有這樣的泉水，但他們確信西班牙人會認爲這樣的泉水比金子更有價值。

儘管不老泉並不存在，但你可以做一些事情來延緩衰老的過程。隨著年齡的增長，不論大腦發生什麼限制性的改變，你仍然可以將它們帶來的影響降至最小，盡可能地發揮神經可塑性的潛能。

衰老過程中的大腦變化

人的一生中，大腦會根據你對它的「維護」狀況，發生幾次不同程度的結構性改變，一直到三十歲，顳葉的背側密度增加爲止。這意謂著大腦的處理速度和記憶力會在三十歲以後慢慢下降。從二十歲到九十歲，語言能力總體下降五〇%，視覺空間任務的處理速度下降更快。因此，語言能力下降的速度不如視覺空間技巧下降得那麼快。前額葉皮質中的神經元，其密度和數量也在緩慢下降。這意謂著你的注意力會更集中，並且效率更高。

隨著年齡的增長，你還會經歷睡眠週期的變化：你會多次從睡夢中醒來，並且淺睡狀態持續的時間更長。這個問題被一件事實弄得更複雜了，那就是許多老年人待在室內的時間更多，很少接受自然光的照射，導致他們的晝夜節律異常。老年人失去了社交性的應酬，比如在約定的時間赴宴，這會對他們的睡眠週期產生負面影響。你可以參考第六章的內容來調整睡眠習慣，以應對這些變化。

隨著你逐漸變老，總體的健康狀況對大腦如何發揮作用，有著不可忽視的影響。腰部的脂肪堆積顯然是個讓人頭痛的問題，尤其是對男人來說。研究人員發現，年齡超過六十歲的男人，腰圍愈大，海馬迴愈小。因爲海馬迴對於記憶力相當重要，由此可以得出一個結論：身體脂肪的增加與記憶力的減退相關。

一項長達二十四年的研究發現，身體質量指數較高的人，其大腦萎縮的程度也較高。身體質量指數每增加一個點，大腦萎縮的程度就會增加十三％至十六％。

由凱澤永久醫療中心（Kaiser Permanente）進行的一項大規模研究中，研究人員爲一萬多名被診斷爲癡呆症的患者做了身體檢查，以此來驗證身體質量指數和癡呆症的相關性。這些人被追蹤研究了二十七年，還接受了皮褶（skin-fold）厚度和身體質量指數的檢測。研究結果顯示，皮褶厚度最高的中年男性患癡呆症的比例爲七十二％，而處於同一皮褶厚度的女性罹患癡呆症的比例爲六〇％。

你可以透過以下方法預防或延遲癡呆症：

- 運動。
- 培養一種興趣愛好，特別是繪畫、陶藝或園藝這類具創造性的事情。
- 到當地的大學或成人教育中心報名參加某個課程。

- 擴展你的交際圈，比如加入俱樂部或社會組織。
- 飲食均衡。
- 玩需要動腦筋的遊戲，比如拼圖、下棋、填字遊戲和打橋牌。
- 參加志工服務活動。
- 與年輕人一起消磨時間。
- 旅遊。
- 改變原有的習慣。

運動能夠減少認知能力下降和罹患癡呆症的風險。哈佛大學的一項研究顯示，散步有助於老年女性認知功能的顯著改善和預防認知能力的減退。維吉尼亞大學的研究發現，散步對老年男性具有同樣的效果。相較於那些每天步行超過兩公里的男性，很少走路的男性罹患癡呆症的風險幾乎要高出一倍。

隨著年齡的增長，運動也有助於減輕過多的壓力。因爲海馬迴的體積不僅會受皮質醇影響，也會根據它接受的氧氣量而改變大小。當氧氣的減少伴隨著毛細血管的健康和完整性的降低，就被稱爲「缺氧」（anoxia）。這種情況會導致進入海馬迴的氧氣也變少。因此，運動是一個緩解壓力的絕佳方法，同時，它還能促進腦源性神經營養因子的分泌，尤其是在海馬迴中。

新生的神經網絡也是最易衰老的神經網絡。許多神經科學家認為，大腦的衰老順序是從前向後。因此，缺陷會最早出現在額葉及海馬迴中。典型的阿茲海默症患者表現出了額葉缺陷的症狀，包括短期記憶變差（比如忘記把鑰匙放在哪裡）和海馬迴缺陷（比如忘記自己昨天做了什麼）。前額葉皮質是人類大腦最後成熟的區域，它也是最先衰老的區域。

其他研究顯示，與年齡相關的大腦缺陷，是從右向左依序出現的，這意謂著右腦會比左腦先喪失功能。你應該記得：右腦掌控空間感和處理新奇事物的資訊，左腦負責語言和日常行為。某些右腦缺陷的症狀，表現為視覺空間感和學習能力下降。這意謂著在忘記家具店的名字之前，你可能已經忘記了家具店的位置。

人類衰老過程中的大腦變化：

- 背外側前額葉皮質的灰質減少
- 顳葉中的灰質減少
- 額葉中的髓鞘減少

- 顳葉的體積縮小
- 前額葉皮質中的白質退化
- 海馬迴/內嗅皮質（entorhinal cortex）受損
- 額葉中的主要神經元受損
- 小腦（大腦的後下部）萎縮
- 眼眶額葉皮質的保護
- 紋狀體萎縮
- 白質纖維的長度縮短
- 白質纖維的直徑縮短
- 大腦葡萄糖代謝減少

上述的列表可能是難以推翻的。但你確實可以做很多事情來延緩衰老和重新連結大腦，從而安享晚年。事實上，透過改變生活方式，你可以挖掘一口不老泉。其中一件你能做的事情就是增加認知庫存（cognitive reserve，又譯「認知儲備」）。

增加認知庫存

透過讓自己更聰明，你可以增強抗衰老的能力。「認知庫存」的概念被用來解釋爲什麼教育程度較高的人不太容易罹患癡呆症（比如阿茲海默症）。如果教育程度較高的人神經受損，他們會有更多的神經網絡可以依賴。

正常的衰老包括了認知功能的減退，這種減退是由神經元及其樹突和支援它們的生物化學機制的逐漸退化引起的。在人的一生中，認知庫存都在爲神經系統的基礎架構提供支援。

你建立的這種基礎架構愈多，承受損失的能力就愈強。透過從智力和情緒方面挑戰自我，同時維持健康的飲食和運動習慣等，認知庫存將逐步形成。

教育具有增加人的認知庫存和避免罹患癡呆症的作用。「修女研究」就描述了這種力量。肯塔基大學「桑德斯—布朗老化研究中心」（Sanders-Brown Center on Aging）的工作人員，對去世的年老修女進行了屍體解剖，他們發現，多數教育程度高的修女，神經元之間有更多的分支和連結，她們似乎不易罹患癡呆症。

相較於教育程度較低的人，教育程度高的人能夠承受較嚴重的神經元損傷，並且不會表現出神經損傷的症狀。例如，某項研究顯示，接近二十五%的老年人在世時沒有表現出阿茲海默症的症狀，但透過屍體解剖，研究人員發現他們有與阿茲海默症相關的大腦病變。因此，儘管他們的大腦出現了標準的阿茲海默症斑塊和神經元纖維纏結的現象，他們的大腦卻仍具有與健康大腦相同的功能。

在一個時間最久、規模最大的，關於發育的縱向研究中，哈佛大學的喬治．瓦利恩特（George Vaillant）對八百二十四人進行了長達幾十年的追蹤研究。研究對象來自各行各業，包括受過高等教育的人和貧窮的波士頓人。儘管他發現了一些認知能力下降的常見症狀，但研究顯示，有一些老年人培養了新的技能，並且隨著年齡的增長而變得更聰穎。相較於其他老年人，這些人不太容易受到憂鬱症的困擾，他們的生活甚至過得比中年人還要好。

人在衰老期間衡量神經可塑性的方法之一，就是看你如何處理資訊。隨著年齡的增長，你的大腦會轉向著重不同的區域。多倫多大學的研究人員已經證明，年齡為十四至三十歲的人在從事認知活動時，傾向於著重使用顳葉（頭部兩側）；而且教育程度愈高的人，愈常使用大腦的這一個區域。而六十五歲以上的人明顯具有不同的模式，當他們接到與較年輕者相同的認知任務時，會傾向於使用額葉；而且教育程度愈高的人，愈常使用額葉。

社會支持讓你更睿智

來自家庭和朋友的支持，對你的心理韌性和長壽發揮著重要的作用。你可能沉浸在日常生活的壓力中，以至於認爲自己得到這些支持都是理所當然的，或者你很難注意到自己的社會關係是如何影響壓力程度的。壓力的影響在人的一生中會逐漸增強。如果壓力是慢性的，將會增加身體調適負荷（allostatic load），對身體造成傷害，而此傷害是由皮質醇和去甲腎上腺素含量的緩慢上升所導致的。在人的一生中，因此而逐漸形成的健康問題包括：高血壓、第二型糖尿病、動脈粥樣硬化、腹部肥胖、神經萎縮、認知缺陷、焦慮和憂鬱症。

身體調適和社交療法

「身體調適」是大腦和身體透過改變以保持穩定的一種能力。「身體調適」是由皮質醇主導的短期適應性反應，這會增強或抑制基因轉錄、調節腦源性神經營養因子和杏仁核的活性。因此，當你有慢性壓力時，就會產生身體調適負荷。

威斯康辛大學的一項研究顯示，積極的社會關係是一帖良藥。縱使壓力源爲不利的經濟條件等，社交療法仍然可以減少身體調適負荷。至於那些在早期沒有得到良好社會關係的人，例如遭受虐待或忽視，則會經歷更嚴重的身體調適負荷。

步入老年後，社交療法有利於大腦發揮作用。隨著年齡的增長，你的大腦需要一個適宜生存的優越環境。既想要情感上的支持，又想要認知上的刺激，沒有比建立多面向的人際關係更好的方式了。爲了證實這一點，麥克亞瑟基金會（MacArthur Foundation）對老化問題進行了研究，在隨訪的七年半時間裡，他們發現，情感支持使研究對象較能發揮認知功能。

台灣對老化問題的研究發現，年齡爲五十四至七十歲、在研究開始之前六至八年的時間擁有配偶的男性，其身體調適負荷比單身男性更小。不論男性或女性，在七十一歲及以上的老年人中，與朋友和鄰居關係密切的人，其身體調適負荷較小。

研究報告指出，在隨訪的七年裡，擁有情感支持和令人愉悅的社會關係的老年人，要比與社會隔絕的老年人的認知能力更強。研究已經證明，社會支持對於那些身患重病或有心理健康問題的人有治療效果。同理能力和社會支持的確對你的大腦有益；社交療法其實就是大腦療法。

獲得智慧與洞察力

經驗常常會讓你獲得智慧，拓寬你的視野，幫助你領會事情的複雜性及之間的關聯。

成長過程中發生的某些大腦變化，可以讓你變得更聰明，這能夠解釋爲什麼在很多地方，年長者都更有智慧。但是，並非掌握了社會傳統和信仰的來龍去脈，就可以獲得智慧，還需要一種審視全景的能力。

神經科學家描述了智慧是如何產生及發展的。當你步入六十歲或七十歲時，杏仁核和眼眶額葉皮質之間的天平指針，會逐漸偏向眼眶額葉皮質，當你分析臉部表情時更是如此。這種轉移不是由於杏仁核活動能力下降，而是因爲眼眶額葉皮質的成熟。眼眶額葉皮質的成熟有利於抑制情緒衝動，而情緒衝動會阻礙一個人去理解他人以及與他人進行更深入的交流。眼眶額葉皮質的成熟也促進了全景思維能力的產生。與青少年相比，成年人更傾向於問題導向的策略，而不是情緒導向的策略。

表面看來，隨著年齡的增長，大腦發揮功能的方式逐漸減少了不對稱性。也就是說，其中一個半腦不再占據主導地位。我之所以使用「逐漸減少」這個詞，是因爲仍然有些功能是不對稱的，比如語言（由一個半腦主導）。然而，也許是爲了彌補潛在的身體虛弱或疾病（比如中風）的影響，年輕時大腦的單側性功能到了老年時將會降低不對稱性。就像認知庫存一樣，較少的不對稱性能使你在面對疾病、創傷和衰老的影響時，更具靈活度，心理韌性也更強。

有證據顯示，大腦功能較強的老年人，左右腦都較爲活躍。至於大腦功能較差的老年人，只有一個半腦相對活躍，並且效率低下。因此，兩個半腦發揮功能，要比一個半腦發揮功能更好，特別是在步入老年以後。大腦活躍的區域分布愈廣，你的洞察力就愈強，也會更聰明。

隨著年齡的增長，許多人增長了知識，洞察力和敘事的能力也增強了。你更能好好理解自己一生中遇到的事情，並且可以用一個連貫的故事將它們整合起來。在晚年，大腦會發生神經可塑性的變化，讓你能夠領悟世界上更多的複雜性，培養出更強的敘事能力。

透過使用FEED法重新連結大腦，也可以增加智慧。你要做的第一步是聚焦於全景。第二步是不再盲目堅持既有的信念，以增加新的神經元連結。第三步是不斷地重複這些行動，直到你輕鬆自如就能做到，以超越個人的需求，並把握你與他人的相互依存關係。大腦系統中的包容和同情心體驗就會倍數增加。第四步是努力堅持不懈，你的生活就會變得更加豐富多彩。

對他人的同情心是情緒智商的一個面向。在洞察和了解他人需求的基礎上，以開放的心態改變信念，有助於提高智商和重新連結大腦。爲了讓自己獲得這方面的智慧，你應該從集體利益出發採取行動。行動過程中要謹記「我們都容易犯錯」以及「仁慈和寬恕是智慧的組成部分」的深刻見解。

培養積極的幽默感

智慧包括幽默感和自嘲的能力。當你懷著務實的期望努力提升能力時，不必太把自己當一回事。要透過認識自己的特質，來減輕你的思想負擔。幽默可以讓你的注意力從無關緊要的細節中解放出來。如果幽默是自發的，那麼效果會更好。

培養幽默感有益於你的大腦和思考，它會促成某些生理上的變化，特別是心血管系統、免疫系統和肌肉組織的變化。當你感到開心時，多巴胺和內啡肽就會釋放出來。

笑的好處：

- 改善認知功能
- 運動和放鬆肌肉
- 增加心率和血壓
- 減少皮質醇的含量
- 增強自然殺傷細胞的活性
- 改變基因表現
- 刺激多巴胺的釋放
- 延長壽命

重要的是，你培養的幽默感應該是積極向上的，而不是那種貶損別人的消極幽默感。積極的幽默會使人精神振奮，而不是感到丟臉。

幽默對心理的益處：

焦慮↓
壓力反應↓
憂鬱↓
↑自尊心
↑活力和希望
↑自主掌控的感覺

積極的幽默感有助於增強思維和情緒的活力，提升自尊心，以及應對壓力、焦慮和憂鬱的能力。

考慮到幽默感對健康的益處，你可以將積極的幽默感理解爲智慧的一個面向。因此，放輕鬆，做些明智的事吧！盡情歡笑，這對你的大腦非常有好處。

Chapter 9

用正念冥想提升注意力

The Mindful Attitude

當安琪拉的家庭醫師告訴她，除非她先看心理醫師，否則不會爲她安排複診之後，安琪拉來找我幫忙。這位醫師告訴我，他認爲安琪拉的問題大多是心理而不是生理上的。「她似乎在尋找一些並不存在的生理疾病，並爲此心神不寧。」

安琪拉在我的辦公室裡坐下後，第一句話就說：「我不知道你能給我什麼建議。」她盯著我看，好像我已經有了答案。

我沒有上她的當，也不想給她預期的錯誤答案。我告訴她，我想幫助她，但我需要弄清楚應該怎麼幫她。

「醫師說我的態度就是我的病因。」她解釋道。

當我要求她陳述病情時，她告訴我，她只要有一點小毛病就會去看醫師，有咳嗽或皮膚擦傷時更是如此。她補充說，她喜歡看白天的電視訪談節目《學習如何保持身體健康》（*learn what I can about how to stay healthy*）。在觀看了一集關於注意力缺失症的訪談節目之後，她便開始擔心自己會成爲那種病人；當她出現了類似纖維肌痛症的症狀時，又擔心自己患了這種病。她告訴我，她從《急診室的故事》（*ER*）這類電視劇中學到的東西最多。「我去看醫師的結果，就只是被告知我一切正常，難道他想做的就是替我檢查嗎？」她問：「我懷疑他並沒有認眞爲我看病。」

「聽起來你的懷疑增加了你的憂慮。」我指出。

「小心駛得萬年船，這難道不對嗎？」安琪拉問道。

「或許就是這種憂心忡忡，導致你產生不必要的緊張感。」我啓發她道：「這才是讓人擔心的地方。」很明顯的，她需要將注意力從擔心自己的健康，轉向學習如何透過改變態度來改善健康狀況。我考慮的問題是，如何激發她轉移注意力的主動性。由於焦慮似乎是她過度關注健康的根本原因，因此她需要明白過度擔憂對她的身體和大腦產生的負面影響。我解釋說，如果皮質醇濃度達到極限並且持續很長的時間，就會損害身體的許多系統。

然而，這個資訊讓她更焦慮了。她擔心如果壓力高到一定程度且持續的時間很長，就會損害大腦。她詢問我，有什麼方法可以阻止這種情況：「爲什麼我的個性會讓我的身心深受這種破壞性的影響？」安琪拉想知道答案。

我告訴她，她的問題在於不停地擔心這個擔心那個，而沒有把注意力放在問題本身。

「我一直在關注我的健康啊！」她嚷道，好像我聽不懂似的。

「你擔心自己的健康，卻沒有做任何有益健康的事情。」我一語道破。

安琪拉聳了聳肩，好像願意聽到更多建議，但她並不想坦率地說出來。

於是，我們從「如何讓她更集中注意力」這個問題入手。我要求她對電視節目加以選擇，有一部分節目可以不看。

「這與看電視有什麼關係？」她問道，好像看一個瘋子似的看著我。

「看電視會讓你忽略現實世界。」我說：「你變成了一個旁觀者，而不是現實世界的參與者。」

「現實世界的參與者是什麼意思？我的確活在當下啊！」安琪拉堅持道。

「除了工作和看電視，你還會關注什麼？」我問道。

「我似乎在其他事情上沒有花很多時間。」她回應道，然後不好意思地看著我，好像明白我的意思。

「從現在開始，你應該與世界保持同步。」我建議道。

「我完全不明白你在講什麼。」她一臉怒氣地說道。

我解釋說，她的注意力不應該浪費在無謂的擔憂上，這只會加劇她的壓力並且對大腦產生負面影響。透過轉移注意力，她能夠降低壓力程度並過著更充實的生活。安琪拉這才發現她的生活並不充實，而且漫無目的。

爲了擺脫這種心不在焉的狀態，學會將注意力轉移到現實世界中，她需要改掉原來的習慣。我要求她關掉電視，因爲這是在虛度光陰。起初，安琪拉並不確定自己能否做到這一點，她說已經對它們上癮了。她常常感到焦慮，看完電視後又感到空虛。儘管安琪拉沒有罹患注意力缺失症，但她無法坐下來專心讀書。她似乎有很多工作要做，但當她開始做的時候，注意力又飄到別處去了。

我解釋說，她的額葉，特別是背外側前額葉皮質，需要一些注意力練習，她應該透過學習集中注意力來重新連結大腦。

在接下來的數週內，我教安琪拉擴展注意力的廣度。這種關注點的轉移，幫助她形成一種展望，可激發愉悅感，讓她平靜下來。她練習冥想，這幫助她從膚淺的注意力模式轉向範圍更廣、對當下的關注。正念冥想包含一種新的注意力模式，可能使她盡情地享受生活，而不是走馬看花地過日子。

透過應用FEED法，安琪拉在重新連結注意力迴路方面取得了進步。但在應用這種方法幾次之後，她就被現實生活中的幾件事搞得心煩意亂。兩個同事在工作中發生了衝突，並威脅要讓她捲進這場爭吵。我建議她應該關注與爭吵雙方關係的積極面，想辦法與他們保持友好。

還有一件事，一位鄰居把大量落葉堆在她的房子旁邊，每次她外出時都感到很煩躁。但實際上，這爲她提供了一個欣賞秋天落葉的好機會。當採用

FEED法卻發生其他讓她心煩的事情時，我會幫她重返正軌，以便繼續使用FEED法。最後，她的生活變得不再那麼複雜，她去看家庭醫師的次數大大減少，甚至需要家庭醫師提醒她去做體檢。

安琪拉的案例可能有點極端，但它卻反映了一個人如何被令人討厭的擔憂搞得心煩意亂，以至於影響自身健康的事實。爲了重獲健康，她需要關注當下，重新連結前額葉皮質。透過應用FEED法，她不但更關注現實世界，而且更有活力了。

找回走散的注意力

令人遺憾的是，安琪拉的注意力障礙在現代社會太普遍了。許多人都需要重新連結他們的前額葉皮質，他們的注意力技巧因爲缺乏嚴格的運用而悄然消失了。

注意力對大腦的生長發育來說相當重要。電視和其他現代大衆媒體導致人們出現了注意力障礙，尤其是近三十年來，這些媒體不斷變換風格，以便讓有注意力障礙的受衆得到滿足。電子媒體進一步加劇了受衆的注意力障礙問題。當你在上網時，一次點擊就能將你的注意力從一個網頁吸引到另一個網頁上。我們具備一個注意力缺失的社會所需要的全部要素。

媒體中所有的閃爍畫面會搞得你筋疲力盡，持續消耗你的定向反應（orientation response，對新奇資訊的反應能力）。難怪安琪拉在看完電視之後，會感覺筋疲力竭，卻還想看更多節目。長時間上網也會出現類似的症狀，對媒體上癮可不僅僅是一種比喻。

媒體消費會對我們的身體造成損害。事實已經證明，在兒童時期看太多電視，會產生長期的不良影響，例如，它會減弱人控制衝動的能力。針對二十六個蹣跚學步的孩子所進行的一項重要研究，發現一至三歲時觀看電視節目的時間，與七歲之前的注意力不足過動症相關。幼兒每天多看一小時的電視節目，罹患嚴重注意力不足過動症的機率就會增加一〇%。

我們的社會有太多因素會誘惑你關注那些譁眾取寵的事物。電影、電視甚至新聞，將我們的注意力吸引到遠離普通人生活的事物上，比如安潔莉娜·裘莉的孩子的照片，要比非洲難民更讓媒體感興趣。

你應該從這種社會性夢遊中醒來，擺脫渾渾噩噩的狀態，轉而關注較深層次的東西，包括日常生活中最平常的事物。例如，在你每天開車上班的路上，可能對周圍環境視而不見，很少關注沿途的房屋、田野和山丘。為了打破這種心不在焉的狀態，你要有意識地找到一棟之前從未注意的房屋或地形特徵。透過啓動感知能力和額葉的執行控制中樞，你可以清醒地把想當然的經驗轉變成豐富立體的經驗。你愈常利用這種方法重新連結大腦，就會在現實世界中生活得愈好。

大峽谷

我正在大峽谷的谷底寫這部分的內容。在地勢這麼低的地方寫作，專心的態度發揮了重要的作用。我的照相機在這次徒步旅行開始後不到一個小時，就掉在地上並摔壞了，我很失望、沮喪。本來想在這迷人的地方爲我和妻子多拍一些照片的。

我告訴自己，要不斷提醒自己關注這裡的壯麗景色，全神貫注地欣賞它，比我第一次來這裡的時候更專注、更深入地發現它的美，儘管這是我第二十七次來到這裡。假如我一心想著摔壞的相機，就會不停地想著如何取景構圖，以便事後會懷著敬畏之心去欣賞照片所呈現的一切。相反地，我把這種失望轉變爲一個增強敬畏之心的機會，這要比我那些無關緊要的打算更有意義。現在我擁有了那種敬畏感。

這裡的確是一個容易讓你沉浸在大自然創造奇蹟的地方。徒步走過地質年齡約爲二十五億年的谷底，我意識到，人類在時間的銀河中，連一個小光點都算不上。當我環顧四周看到彩虹般的岩石在一天之中變換光影，以及在遼闊的空間裡因侵蝕而形成的無數岩面時，我意識到，相機根本捕捉不到這些感受。

照相只會讓人心煩和分心，而我現在的體驗更深刻。

這可以說是一個讓人轉換視角的生動案例。你可以認為它在提醒你「不要過於關注枝微末節」。徒步行走大峽谷的經歷猶如醍醐灌頂，讓我清醒地認識到這個世界曾經如何，現在又如何。

擴大注意力焦點

前額葉皮質使人類有別於其他物種，它是大腦最晚實現的進化意義上的進步，並且是在成長過程的最後才形成髓鞘（髓鞘包覆住軸突，可以使神經元更有效率地啓動）的區域。事實上，前額葉皮質在你二十五歲之前還沒有完成髓鞘化，這意謂著你在二十多歲時，許多由前額葉皮質提供支援的技巧仍在培養中，這些技巧包括保持持續的注意力和做出複雜決策的能力。遺憾的是，有太多成年人並沒有完全掌握這些技巧，或者因爲缺乏使用而失去了這些技巧。安琪拉就屬於注意力技巧退化的人，但是藉助FEED法，她重新獲得了這些技巧。

縱觀全書，我描述了如何啓動前額葉皮質以幫助神經元新生。FEED法的前兩個步驟，目的是啓動前額葉皮質，特別是背外側前額葉皮質，它是執行控制中樞，是大腦中的大腦。背外側前額葉皮質負責處理短期記憶，它的受損或訓練的匱乏會導致注意力障礙和短期記憶障礙。注意力會啓動神經可塑性的循環過程，而注意力障礙會導致這個過程停止。

注意力對於你如何處理壓力，發揮著決定性的作用。分散的注意力會削弱你應對壓力的能力，即使你的注意力是分散的，仍是狹隘的，因爲你只會著重在自己的壓力事件上。當你擴大注意力的焦點後，將能看到事情的更多面向，而不只是聚焦在引發焦慮的表面。狹隘的注意力焦點會增強你每個經歷的壓力程度，而注意力焦點的擴大，能讓你更全面地看待此經歷，進而降低壓力程度。一個會引起焦慮的細節，其重要性比不上縱觀全景。

透過擴大注意力焦點，你變成一個旁觀者，會看到每次經歷的所有面向並考慮到它們如何相互作用。這是一種宏觀視角，而不是微觀視角。

普林斯頓大學的生理回饋專家萊斯．斐米（Les Fehmi）指出，透過使用「開放焦點」（open focus，擴大注意力的範圍）的練習方法，能夠改變壓力的程度。開放焦點的練習可以讓大腦從一種視野狹隘的緊急狀態中擺脫出來。當斐米和其他研究人員使用腦波圖機測量人們的腦波活動時，他們發現，特殊的波形代表特殊的思維狀態。當你進行開放焦點的練習時，腦波活動會降到更舒緩的頻率，你的自律神經系統中參與「戰鬥或逃跑反應」的交感神經部分，將會平靜下來，副交感神經系統的控制力也會增強。這意謂著透過開放焦點的練習，你將啓動副交感神經系統，並且進入一個舒緩的思維狀態。

這個練習可以提升大量神經元同時啓動的效率，而當其中包含了長時間同步啓動的神經元時，更有可能提高你的心理健康。「相位同步」（phase synchrony）這個術語，是指大腦的許多部位都產生了與清醒時的放鬆狀態相關的 α 腦波，而且這些腦波是同時上升和下降的（Fehmi and Robbins, 2007）。這代表著大量的神經元正在同時啓動，以產生專注度較高的大腦活動。

當你的大腦產生與正常的清醒意識相關的，高頻率且非同步的 β 腦波時，就像聚會中的許多人在各自交談一樣。相反地，和諧一致的低頻率腦波，則像聚會中的所有人合唱一首歌。這正如交響樂隊演奏貝多芬〈第九號交響曲〉的第四樂章那樣，給人超然的體驗。

啓動副交感神經系統

與「戰鬥或逃跑反應」相對的放鬆反應，指的是身體自己平靜下來。放鬆反應涉及啓動副交感神經系統，此系統可以使心跳和呼吸頻率降低，而戰鬥或逃跑反應則與交感神經系統的啓動相關。

幾千年來，人們開發出多種引發放鬆反應的技巧，他們在不知道副交感神經系統存在的情況下啓動了它，內心平和的感覺讓他們感到自己與周圍環境的和諧統一。這些技巧包括祈禱和冥想。

副交感神經系統也可以被更多近來興起的自我催眠、視覺心像（visual imagery）及放鬆技巧啓動。一九八〇年代早期，當我接受催眠療法的培訓時，便注意到它與我在一九七〇年代早期學過的冥想練習極爲相似。這些方法的目的都在使人放鬆、內心寧靜。雖然名稱和方法不同，但它們都遵循著同樣的擴大注意力範圍的原則和大腦生物學原理。

很多時候，我們會尋找特殊的差異處，希望自己的方法比其他方法更有效或更純粹。而研究人員偶爾會檢驗這些技巧，並揭示它們的共通點。

自我催眠、祈禱、冥想、視覺心像和放鬆技巧，全都涉及注意力的擴展，以及在啓動副交感神經系統的同時避免喚醒交感神經系統。每種方法的步驟都是把注意力集中在呼吸上，藉助腹式呼吸，你可以啓動副交感神經系統，降低心率，使心情平靜下來，還會啓動抑制杏仁核的神經系統。透過關注呼吸，你也可以消除由擔憂所造成的緊張情緒。

結合瑜伽的冥想，可以實現身心平靜。當你飽受壓力之苦以致肌肉緊張時，相當多的能量會被消耗掉，你全身緊繃且疲憊。如果慢性壓力在肌肉中產生，它會導致肌腱因結締組織的過度發育而增厚變短。壓力會導致交感神經系統過度活躍，這會使得已經負荷過重的神經系統更緊張。一個擺脫緊張感和啓動副交感神經系統的捷徑，是伸展四肢，做深呼吸。

大腦需要穩定的血流，體操等伸展運動能促使健康的血液流向大腦，讓人的注意力更集中、精神更放鬆。透過伸展肌肉，你把缺氧血輸送或泵送回心臟和肺部，再把充氧血輸送給大腦。因此，伸展運動有助於使大腦保持清醒，使肌肉更強壯，並且舒緩緊張情緒。

把瑜伽動作與簡單的伸展運動相結合，能夠產生許多技巧，可以稱其爲

「混合瑜伽」。不必找特定的時間和地點，隨時隨地都可以做混合瑜伽。你可以花一點兒時間，甚至在工作空檔，透過深呼吸、伸展四肢和想像肌肉被伸展的感覺來降低心率。想像放鬆你的肌肉，它們就不會阻止血液流回心臟去補充氧氣了。之後，想像這些充氧血將如何流向大腦，它們攜帶著能讓大腦更放鬆和更清醒的營養素。

你只需要花二到五分鐘就可以完成這些練習。當你回到工作任務上時，會發現自己已經從壓力中脫身而出，變得精神抖擻、冷靜客觀。

假設你在自己的獨立辦公室或休息室裡，只有五分鐘的時間練習混合瑜伽，你可以這樣做：兩腳分立，相距大約七十五公分，向下彎腰並朝著腳尖伸展手臂。如果你能摸到腳尖，很好；如果不能摸到腳尖，也不要擔心。感受你的肌肉伸展以及血液往下流動，然後逐漸站直，向外和向上舉起你的手臂呈V字形，並且深深地吸氣。當你完全站直並向上伸展手臂時，屏住呼吸十秒鐘，繼續伸展手臂，之後慢慢放下，充分呼氣。當你的手臂落下形成一個倒V字形時，再重複之前的所有動作。

若要啓動副交感神經系統，要遵循七個行爲準則，它們能讓你的大腦保持清醒和平靜，注意力更集中、精力更充沛。這七個行爲準則如下：

1. **有節奏地呼吸**：深度、從容且專注的呼吸會降低心率，讓你平靜下來。
2. **集中注意力**：透過集中注意力，你能夠將注意力集中在當下。這將會啓動前額葉皮質，增強了它抑制杏仁核和交感神經系統過度活躍的能力。
3. **安靜的環境**：這可讓你在不受打擾的情況下集中注意力，並爲以後身處複雜的環境中學習重新連結大腦打下良好的基礎，也爲避免分心做好準備。
4. **接納一切和不做評判的態度**：從對某件事鑽牛角尖的態度，轉變爲接納一切的態度，你就會對現實做出正確評價，而不是一味地害怕它。結果是，無論發生什麼事情，你都具有充分的心理韌性去應對它。
5. **放鬆的姿勢**：坐著或伸展四肢都可以。
6. **旁觀者的視角**：擴大你的注意力和觀察範圍，而不只是盯著枝微末節，你可以在不否定壓力存在的同時，擺脫它。如果你不帶評判地觀察事件和形勢，那麼在任何時間都可以注意到正在發生的事情。當你站在旁觀者的有利位置上時，就不再是一名受害者，也會有擺脫壓力的能力。
7. **標記情緒**：在標記情緒時，會啓動左額葉和積極的情緒。如果你還有一種旁觀者的接納和不做評判的態度，並且實踐前面的步驟，這個標記工作就會發揮作用。

正念冥想提倡旁觀者視角

源於佛教的冥想被稱為正念、內觀或內觀禪修。正念曾用於治療焦慮、憂鬱和其他心理障礙，它沒有經文或禱告詞，關注的是呼吸、旁觀者的視角、接納和不做評判的態度。一般情況下，正念符合前述的七個行為準則。

正念包括觀察和接納你的想法、身體感覺及情緒，因為它們不斷在你的意識裡進進出出。抱持一種不評判的態度，你就可以從這些事情中後退一步，觀察它們的進展，就像觀看潮汐那樣。這就是我所說的置身事外、不評判的態度。

你可以在白天或夜晚的任何時間做正念練習，甚至可以現在就開始練習：感受你手中這本書的重量和封面的材質。當你深深地呼氣和吸氣時，感受房間的溫度是熱還是冷。你會浮想聯翩，當很多想法在腦海中閃過時，你只需要簡單地觀察和接納它們，就像它們是慢慢駛過的汽車。你不必叫任何一輛車停下來檢查，就讓它過去吧，另一輛車很快就會到來。透過這種練習，你能夠擺脫憂慮和擔心。它們會輕鬆地流過，而不是長時間停留在你心裡扎根。

由於活在當下，你可以消除那些令人生厭的、對未來之事的擔心和焦慮，因爲它們可能根本就不會發生。「活在當下」爲此時此刻的你帶來活力，也讓你的大腦體驗到現實生活的朝氣蓬勃和多面向。

透過保持旁觀者的視角，你可以養成不評判的態度。如果你在任何時間都只是旁觀而不是對正在發生的事情做出反應，就會延遲對此情景的反應，一直到所有資訊都被正確地看待。擴大視野與開放焦點的狀態是一致的。與常見的狹隘、生硬的反應狀態相反，旁觀能使你擺脫壓力源，因爲你是往後退一步進行觀察，而不是對壓力源馬上做出反應。冥想阻止我們對任何壓力源自動做出反應，取而代之的是，你能夠專心旁觀每一次的豐富複雜經歷。

由於冥想可以幫助你克服擔憂或不舒服的反應，它也被用來治療像慢性疼痛這樣的疾病。它涉及一個關於如何將注意力應用到疼痛上的有趣悖論：你要接納疼痛，而不是阻止大腦感知疼痛。這似乎很怪異。爲什麼要忍受疼痛呢？難道這不會讓你感到更痛嗎？答案是否定的。實際上，你體驗到的疼痛反而會減少了。正念練習能夠影響大腦，降低它對疼痛的感知力。透過旁觀和接納疼痛感，你才會擺脫對疼痛的關注。

正念對緩解壓力、焦慮和憂鬱同樣有效。研究結果已經證明了它的有效性，我在講解關於焦慮的課程中，也會教授正念冥想練習。以下是關於正念如何發揮作用的簡要總結：

- 標記情緒的過程會啓動你的左前額葉皮質，從而減少了焦慮。
- 在高階的正念冥想練習和左前額葉皮質的活躍之間，存在著密切的關係，這會抑制你的杏仁核。
- 這些積極的作用似乎與神經性情緒調節通道的強化有關。

研究已經證明，正念冥想練習對於增強免疫力、減輕焦慮和憂鬱，會產生積極的影響。它在極難控制自己情緒的人、患有強迫症和普通疾病（比如慢性疼痛）的人身上，已經得到了成功的應用。

正念冥想提倡的旁觀者視角，能夠幫助你應對大量的壓力。難怪那些規律進行正念冥想練習的人，在面對逆境時，都具有很強的心理韌性和處理能力。因此，正念冥想可以幫助你重新連結大腦。

正念冥想可影響大腦網絡

達賴喇嘛曾說過，如果科學的發現與佛法產生衝突，佛法必定會與這些科學發現一起進行演化。的確，他對神經科學表現出極大的興趣，還曾邀請相關研究人員展示他們的發現。關於正念的研究因此而興盛，並證明了正念冥想是如何積極地影響大腦。

注意力的品質和形式似乎是核心問題。我在本書中一直強調，注意力是神經可塑性的必要前提。正念涉及注意力，正念冥想也要求人從心理上入定，這會改變大腦中控制思維（皮質）和情緒（杏仁核）區域之間的關係。

大腦中存在這樣一個部位，它會讓你完全關注當下並尊重每一時刻，這個部位已經被威斯康辛大學的理查．大衛森領導的研究小組確認。由前扣帶迴皮質（與同理和自我覺察相關的大腦部位）、腦島（密切關注身體內部狀態的大腦部位）和軀體感覺皮質（感覺身體所處空間位置的大腦部位）組成的網絡，似乎同時被啓動。另外，最重要的一點是，左前額葉皮質的活動，會讓右前額葉皮質的活動相形見絀。

大衛森和同事利用各種大腦造影（brain-imaging）方法，檢測了練習冥想多年的西藏僧侶的大腦，結果發現他們的左額葉比右額葉更活躍。這些人的腦波也與常人不同，他們的大腦活動會將不同的大腦系統緊密連結在一起。

大腦中存在一個可以透過冥想練習而得到強化的特殊區域，也就是前額葉皮質的中部，此區域涉及內省，並且與正念冥想相關，它被描述爲「元認知中樞」（center of metacognition，思考著「思考」）或是覺察中樞。左額葉可能帶來的積極關注狀態，可與觸覺（軀體感覺皮質）、決定、同理和情緒（前扣帶迴皮質）相結合。

練習慈悲冥想（compassion meditation）的西藏僧侶，顯然活化了他們的左眼眶額葉皮質，研究人員在對他們的大腦進行檢測後發現，其左眼眶額葉皮質比那些沒有練習冥想的人更厚。

當這些人產生慈悲的感覺時，其大腦活動顯示，許多神經結構正在相互同步啓動。同步腦波的增加產生了一個頻率爲每秒二十五至四十次的信號，這是一種名爲「γ頻段振盪」（gamma-band oscillation）的節律。即使在他們休息期間，γ腦波的活動也不會消失。這可能是迄今爲止研究人員見過的γ腦波活動最活躍的一次。

大腦系統同步啓動的趨勢，有利於心理健康，這是研究人員分析了各種類型的情緒反應和心理韌性的神經迴路後所得出的結論。大衛森已經證明，如果許多大腦系統都與γ腦波同步，並著重在左額葉的活躍度，壓力耐受性就會增強。

正念冥想和大腦的關係概括如下：

- 長期進行正念冥想的人，其前額葉皮質的中部增厚、右腦島增大。
- 在標記情緒狀態的過程中，減少了焦慮和消極的情緒。
- 前額葉皮質的中部與內省及正念冥想存在關聯。
- 左前額葉皮質被活化，能為體驗增添積極的意味。

正念冥想促進了內在的協調，它可以抑制與同理心相關的鏡像神經元。那些對自己產生的同理，是透過加強自我覺察而實現的，長期練習會爲你提供更好的自我調節的機會。

顳葉的頂端負責調控呼吸，並使大腦爲下一次的呼吸做好準備。這會促成自我意識的整合，以及自律神經系統和皮質功能之間的和諧。透過加強相位同步，前額葉皮質的中部可幫助你更能感受當下，讓你放鬆下來，並與自己及所處環境和諧相處。

前扣帶迴皮質似乎在冥想練習期間被活化了，部分原因是它參與了注意力網絡。長期進行冥想的人，其前額葉皮質中部厚度增加，右腦島體積增大。這些大腦區域的變化可能是多年冥想的結果，幾項研究結果都證實了這一點。

當我向人們介紹正念冥想時，他們關心的問題之一是如何對在冥想時產生的想法做出反應。這個關心基於一個錯誤的認識：除了念念有詞，他們必須摒棄所有的念頭。然而，如果你試圖摒棄所有的想法，就會導致右額葉過度活躍。這會讓那些你打算擺脫的想法或焦慮情緒大行其道。問題的關鍵在於，接納你的想法，而且不排斥它們。如果粉紅色的火烈鳥從你的腦海中閃過，你擺脫這種想法的方法之一是，當牠出現時你可以這樣想：「哦，還有另一隻粉紅色的火烈鳥，這沒什麼大不了的。」透過多次使用這種方法，粉紅色的火烈鳥（或者其他你希望避開的事物）在大腦中出現的次數會逐漸減少。

相關研究建議，標記你的情緒可能是消除消極情緒的有效方法。事實上，正念認知療法鼓勵使用詞句來代表情緒狀態，比如說「生氣了」，這樣做顯然可以抑制杏仁核。高階的正念冥想似乎也與調節情緒的神經通道的活躍程度相關。正念冥想練習能培養積極的情緒，並爲免疫系統帶來積極的影響。

很多時候，當我們與最親密的夥伴在一起時，想的往往是我們做什麼和我們到哪裡去。大腦只有依靠一定的社交關係才會充滿活力，而正念冥想能使心態更平和、注意力更集中；你所擁有的這兩種能力可以共同發揮作用。在每一個相聚的時刻專注於當下，將會加強你們的關係。透過認知和鏡像神經元，你能夠產生同理並且改善人際關係，你的生活體驗也會更豐富。

多年前，我嘗試分析主要的神學體系歷史發展過程，目的是尋找它們之間的共通點。我對「所有的神學都如出一轍」的看法感到不滿。事實上，所有的神學體系都與它們的歷史和社會文化背景有密切關係，有著各種傳統和信仰。但是，它們有兩個共同的原則：慈悲和團結。

從大腦的角度看，這兩個原則有其存在的道理。慈悲心和對人們之間的相互依賴（團結）的感激之心，對大腦有好處。因此，努力培養慈悲心、感激之心，建立與其他人的相互依賴關係，能幫助你重新連結大腦。因爲慈悲是所有偉大宗教的核心教義之一，我們甚至可以說，在本章所述的正念行爲準則指導下重新連結大腦，是一種虔誠的努力。

無論你想把自己用的方法叫什麼——正念冥想、祈禱、開放焦點練習或是自我催眠，它們都能增強你保持心態平和與積極性的能力，從而促進神經可塑性的發生。你利用這些技巧來滋養大腦的次數愈多，重新連結大腦的機會就愈高。

本書所介紹的重新連結大腦的所有方法和練習，都能夠改變你的生活，讓你可以細細品味每一時刻，在現在和將來生活得更好。

參考文獻

Chapter 1

Allman, J., Hakeem, A., & Watson, K. (2002). Two phylogenetic specializations in the human brain. *Neuroscientist, 8,* 335-346.

Doidge, N. (2007). *The brain that changes itself.* New York: Viking Press.

Dolan, R. J. (1999). On the neurology of morals. *Nature Neuroscience, 2* (11), 927-929.

Elbert, T., Pantev, C., Weinbruch, C., Rockstrob, B., & Taub, E. (1995). Increased cortical representation of the fi ngers of the left hand in string players. *Science, 270,* 305-307.

Frings, L., Wagner, K., Unterrainer, J., Spreer, J., Halsband, V., & Schulze - Bonhange, A. (2006). Gender - related differences in lateralization of hippocampal activation and cognitive strategy. *Brain Imaging, 17,* 417-421.

Leigland, L. A., Schulz, L. E., & Janowsky, J. S. (2004). Age -related changes in emotional memory. *Neurobiology of Aging, 25,* 1117-1124.

MacPherson, S. E., Philips, L. H., & Della Salla, S. (2002). Ages, executive function, and social decision making: A dorsolateral prefrontal theory of cognitive aging. *Psychology and Aging, 17,* 598-609.

Pascual - Leone, A., Amedi, A., Fregi, F., & Merabet, L. B. (2005). The plastic human brain cortex. *Annual Reviews of Neuroscience, 28,* 380.

Pascual - Leone, A., Hamilton, R., Tormos, J. M., Keenan, J. P., & Catala, M. D. (1999). Neuroplasticity in the adjustment to blindness. In J. Grafman & Y. Christen (Eds.), *Neural plasticity: Building a bridge from the laboratory to the clinic (pp.*94-108). New York: Springer - Verlag.

Rosenzweig, E. S., Barnes, C. A., & McNaughton, B. L. (2002). Making room for new memories. *Nature Neuroscience, 5* (1), 6-8.

Witelson, S. F., Beresh, H., & Kigar, D. L. (2006). Intelligence and brain size in 100 postmortem brains: Sex, lateralization and age factors. *Brain, 129,* 386-398.

Chapter 2

Arden, J. B. (2009). *Heal Your Anxiety Workbook.* Boston: Fairwinds.

Arden, J. B., & DalCorso, D. (2009). *Heal Your OCD Workbook.* Boston: Fairwinds.

O ’ Doherty, J., Kringelback, M. L., Rolls, E. T., Hornak, J., & Andrews, C. (2001). Abstract reward and punishment representation in the human orbital frontal cortex. *Nature Neuroscience, 4,* 95-102.

Chapter 3

Davidson, R. J., Jackson, L., & Kalin, N. H. (2000). Emotion, plasticity, context, and regulation. *Psychological Bulletin, 126,* 890-909.

Goldapple, K., Segal, Z., Garson, C., Lau, M., Bieling, P., Kennedy, S., & Mayberg, H. (2004, January). Modulation of cortical-limbic pathways in major depression: Treatment - specific effects of cognitive behavioral therapy. *Archives of General Psychiatry, 61,* 34-41.

Kirsch, I. (2002, April 15). Are drug and placebo effects in depression addictive · *Biological Psychiatry, 47,* 733-735.

Lambert, K. (2008). *Lifting depression: A neuroscience hands-on approach to activating your brain's healing power.* New York: Basic Books.

Leuchter, A., Cook, I. A., Witte, E. A., Morgan, M., & Abrams, M. (2002, January). Changes in brain function of depressed subjects during treatment with placebo. *American*

Journal of Psychiatry, 159, 122-129.

Mayberg, H., Silva, J. A., Brannan, S. K., Tekell, J. L., Mahurin, R. K., McGunnis, S., & Jarebek, P. A. (2002, May). The functional neuroanatomy of the placebo effect. *American Journal of Psychiatry, 159,* 728-737.

Niemi, M. J. (2009, February/March). Cure in the mind. *Scientific American Mind, 20,* 42-50.

O ' Doherty, J., Kringelback, M. L., Rolls, E. T., Hornak, J., & Andrews, C. (2001). Abstract reward and punishment representation in the human orbital frontal cortex. *Nature Neuroscience, 4,* 95-102.

Chapter 4

Buchanan, T. W., & Adolphs, R. (2004). The neuroanatomy of emotional memory in humans. In D. Reisberg & P. Hertel (Eds.), *Memory and emotion (pp.*42-75). New York: Oxford University Press.

Cohen, N. J., & Squire, L. R. (1980). Preserved learning and retention of pattern - analyzing skill in amnesia: Dissociation of knowing how and knowing that. *Science, 210,* 207-209.

Golomb, J., deLeon, M. J., Kluger, A., George, A. E., Tarshish, C., & Ferris, S. H. (1993). Hippocampal atrophy in normal aging: An association with recent memory impairment. *Archives of Neurology, 50* (9), 967-973.

Kapur, N., Scholey, K., Moore, E., Barker, S., Brice, J., Thompson, S., et al. (1996). Long - term retention defi cits in two cases of disproportionate retrograde amnesia. *Journal of Cognitive Neuroscience, 8,* 416-434.

LeDoux, J. E., Romanski, L. M., & Xagorasis, A. E. (1989). Indelibility of subcortical emotional memories. *Journal of Cognitive Neuroscience, 1,* 238-243.

Milner, B. (1965). Memory disturbances after bilateral hippocampal lesions in man. In P. M. Milner & S. E. Glickman (Eds.), *Cognitive processes and brain.* Princeton, NJ: Van Nostrand.

Ochs, E., & Capps, L. (1996). Narrating the self. *Annual Review of Anthropology, 25,* 19-43.

Reisberg, D., & Heuer, F. (2004). Memory for emotional events. In D. Reisberg & P. Hertel (Eds.), *Memory and emotion (pp.*3-41). New York: Oxford University Press.

Rudy, J. W., & Morledge, P. (1994). Ontogeny of contextual fear conditioning in rats: Implications for consolidation, infantile amnesia, and hippocampal system function. *Behavioral Neuroscience, 108,* 227-234.

Schacter, D. L. (1996). *Searching for memory: The brain, the mind, and the past.* New York: Basic Books.

Sherry, D. F., & Schacter, D. L. (1987). The evolution of multiple memory systems. *Psychological Review, 94,* 439-454.

Chapter 5

Adams, P., Lawson, S., Sanigorski, A., & Sinclair, A.J. (1996). Arachidonic acid to eicosapentaenoic acid ratio in blood correlates positively with clinical symptoms of depression. *Lipids* (Suppl.), *31,* S157-S161.

Amaducci, L., Crook, T. H., & Lippi, A. (1980). Phospholipid methylation and biological signatransmission. *Science, 64,* 245-249.

Bayir, H., Kagan, V. E., Tyurina, Y. Y., Tyurin, V., Ruppel, R., Adelson, P., et al. (2002). Assessment of antioxidant reserves and oxidative stress in the cerebrospinal fl uid after severe traumatic brain injury and children. *Pediatric Research, 51,* 571-578.

Benton, D. (2001). The impact of the supply of glucose to the brain on mood and memory. *Nutritional Review, 59* (1), S20-21.

Dittman, J. S., & Regher, W. G. (1997, December 1). Mechanisms and kinetics of hetrosynaptic depression at a cerebella synapse. *Journal of Neuroscience, 17* (23), 9048-9059.

Epstein, F. G. (1996). Mechanisms of disease. *New England Journal of Medicine, 334* (6), 374-381.

Fahn, S. (1989). The endogenous toxin hypothesis of the etiology of Parkinson ' s disease and a pilot trail of high - dose antioxidants in an attempt to slow the progression of the illness. *Annals of the New York Academy of Sciences, 570,* 186-196.

Farquharoson, J., Jamieson, E. C., Abbasi, K. A., Patrick, W.J.A., Logan, R. W., & Cockburn, F. (1995). Effect of diet on fatty acid composition of the major phospholipids of the infant cerebral cortex. *Archives of Disease in Childhood, 72,* 198-203.

Glen, A.I.M. (1994). A red cell membrane abnormality in a subgroup of schizophrenic patients: Evidence for two diseases. *Schizophrenic Research, 12,* 53-61.

Glueck, C. J., Tieger, M., Kunkel, R., Tracy, T., Speirs, J., Streicher, P., & Illig, E. (1993). Improvements in symptoms of depression and in an index of life stressor accompany treatment of severe hypertriglyceridemia. *Biological Psychiatry, 34* (4), 240-252.

Gustafson, D., Lissner, L., Bengtsson, C., Bj ö rkelund, C., & Skoog, I. (2004). A 24 - year follow - up of body mass index and cerebral atrophy. *Neurology, 63,* 1876-1881.

Haapalahti, M., Mykk ä nen, H., Tikkanen, S., & Kokkonen, J. (2004). Food habits in 10 - to 11 - year - old children with functional gastrointestinal disorders. *European Journal of Clinical Nutrition, 58* (7), 1016-1021.

Haatainen, K., Honkalampi, K., & Viinamaki, H. (2001). *Fish consumption, depression, and suicidality in a general population.* Paper presented at the Fourth Congress of the International Society for the Study of Lipids and Fatty Acids, Tsukuba, Japan.

Hibbelin, J. R. (1998). Fish consumption and major depression. *Lancet, 351,* 1213.

Hu, Y., Block, G., Norkus, E., Morrow, J. D., Dietrich, M., & Hudes, M. (2006). Relations of glycemic load with plasma oxidative stress marker. *American Journal of Clinical Nutrition, 84* (1), 70-76.

Jeong, S. K., Nam, H. S., Son, E. J., & Cho, K. H. (2005). Interactive effect of obesity indexes on cognition. *Dementia, Geriatric Cognitive Disorders, 19* (2-3), 91-96.

Johnson, H., Russell, J. K., & Torres, A. (1998). Structural basis for arachiadonic acid and second messenger signal in gamma-interon induction. *Annual New York Academy of Sciences, 524*, 208-217.

Jones, T., Borg, W., Boulware, S. D., McCarthy, G., Sherwin, R. S., & Tamborlane, W. V.

(1995). Enhanced adrenomedullary response and increased susceptibility to neuroglycapenia: Mechanisms underlying the adverse effects of sugar ingestion in healthy children. *Journal of Pediatrics, 126* (2), 1717.

Joseph, J. A., Shukitt - Hale, B., Denisova, N. A., Bielinski, D., Martin, A., McEwen, J. J., & Bickford, P. C. (1999). Reversals of age-related declines in neuronal signal transduction, cognitive, and motor behavior defi cits with blueberry, spinach or strawberries dietary supplementation. *Journal of Neuroscience, 19,* 8114-8121.

Kikuchi, S., Shinpo, K., Takeuchi, M., Yamagishi, S., Makita, Z., Sasaki, N., & Tashiro, K. (2003, March). Glycation — a sweet tempter for neuronal death. *Brain Research Review, 41,* 306-323.

Laganiere, S., & Fernandez, G. (1987). High peroxidizability of subcellular membrane induce by high fi sh oil diet is reversed by vitamin E. *Clinical Research, 35* (3), 565A.

Logan, A. C. (2007). *The brain diet.* Nashville, TN: Cumberland House.

Maes, M. (1996) Fatty acid composition in major depression: Decreased n - 3 fractions in cholesteryl esters and increased C20: 4n - 6/c20: 5n - 3 ratio in cholesteryl esters and phospholipids. *Journal of Affective Disorders, 38,* 35-46.

Martin, A., Cherubini, A., Andres - Lacueva, C., Paniagua, M., & Joseph, J. (2002). Effects of fruits and vegetables on levels of vitamins E and C in the brain and their association with cognitive performance. *Journal of Nutrition, Health, and Aging, 6* (6), 392-404.

Morris, M. (2006, November). Docosahexaenoic acid and Alzheimer's disease. *Archives of Neurology, 63,* 1527-1528.

Murphey, J. M., Pagano, M. E., Nachmani, J., Sperling, P., Kane, S., & Kleinman, R. E. (1998). The relationship of school breakfast and psychosocial and academic functioning. *Archives of Pediatric Adolescent Medicine, 152,* 899-907.

National Institute of Alcohol Abuse and Alcoholism. (1985). *Alcohol health and research world.* (U.S. Department of Health and Human Services Pub. No. ADM 85-151.)

Washington, DC: U.S. Government Printing Office. Petersen, J., & Opstvedt, J. (1992). Trans fatty acids: Fatty acid consumption of lipids of the brain and other organs in suckling piglets. *Lipids, 27* (10), 761-769.

Practico, D., Clark, C., Liun, F., Lee, V., & Trojanowski, I. (2002). Increase of brain oxidative stress in mild cognitive impairment: A possible predictor of Alzheimer's disease. *Archives of Neurology, 59,* 972-976.

Reichenberg, A., Yirmiya, R., Schuld, A., Kraus, T., Haack, M., Morag, A., & Pollm ä cher, T. (2001, May). Cytokine-associated emotional and cognitive disturbance in humans.

Archives of General Psychiatry, 58, 445-452.

Rudin, D. O. (1985). Omega - 3 essential fatty acids in medicine. In J. S. Bland (Ed.), *1984-85 Yearbook in Nutritional Medicine* (p. 41). New Canaan, CT: Keats.

Rudin, D. O. (1987). Modernization disease syndrome as a substitute pellagra - beriberi. *Journal of Orthomolecular Medicine, 2* (1), 3-14. Sampson, M. J., Nitin Gopaul, N., Isabel, R, Davies, I. R., Hughes,

D. A., & Carrier, M. J. (2002). Plasma F2 isoprostanes: Direct evidence of increased free radical damage during acute hypoglycemia in type 2 diabetes. *Diabetes Care, 25* (3), 537-541.

Sano, M. (1997). Vitamin E supplementation appears to slow progression of Alzheimer's disease. *New England Journal of Medicine, 336,* 1216-1222.

Schauss, A. (1984). Nutrition and behavior: Complex interdisciplinary research. *Nutritional Health, 3* (1-2), 9-37.

Schmidt, M. A. (2007). *Brain - building nutrition: How dietary fat and oils affect mental, physical, and emotional intelligence* (3rd ed.). Berkeley, CA: Frog Books.

Sehub, J., Jacques, P. F., Bostom, A. G., D ' Agostino, R. B., Wilson, P. W. F., Belanger, A. J. B., et al. (1995). Association between plasma homocystine concentrations and extracranial carotid stenosis. *New England Journal of Medicine, 332* (5), 286-291.

Simopoulos, A. P. (1996). Omega-3 fatty acids. In G. A. Spiller (Ed.), *Handbook of lipids in human nutrition (pp.*51-73). Boca Raton, FL: CRC Press.

Slutsky, I., Sadeghpour, S., Li, B., & Lui, G. (2004). Enhancement of synaptic plasticity through chronically reduced Ca2+ flax during uncorrelated activity. *Neuron, 44* (5), 835-849.

Smith, D. (2002, April). Stress, breakfast, cereal consumption and cortisol. *Nutritional Neuroscience, 5,* 141-144.

Smith, D. (2006). Prevention of dementia: A role for B vitamin? *Nutrition Health, 18* (3), 225-226.

Sublette, M. E., Hibbeln, J. R., Galfalvy, H., Oquendo, M. A., & Mann, J. J. (2006). Omega - 3 polyunsaturated essential fatty acids status as a predictor of future suicidal risk. *American Journal of Psychiatry, 163* (6), 1100-1102.

Subramanian, N. (1980). Mini review on the brain: Ascorbic acid and its importance in metabolism of biogenic amines. *Life Sciences, 20,* 1479-1484.

Tanskanen, A., Hibbeln, J. R., Hintikka, J., Haatainen, K., Honkalampi, H., & Vjinamaki, H. (2001). Fish consumption, depression, and suicidality in a general population. *Archives of General Psychiatry, 58* (5), 512-513.

Tiemeir, H., Tuijl, R. van, Hoffman, A., Kilaan, A. J., & Breteler, M.M.B. (2003). Plasma fatty acid composition and depression are associated in the elderly: The Rotterdam Study. *American Journal of Clinical Nutrition, 78* (1), 40-46.

Warnberg, J., Nova, E., Moreno, L. A., Romeo J., Mesana, M. I., Ruiz J. R., Ortega, F. B., & Sj ö str ö m, M. (2006). Infl amatory proteins are related to total and abdominal adiposity in a healthy adolescent population: The AVENA Study. *American Journal of Clinical Nutrition, 84* (3), 503-512.

Wesnes, K. A., Pincock, C., Richardson, D., Helm, G., & Hails, S. (2003). Breakfast reduces declines in attention and memory over the morning in schoolchildren. *Appetite, 41,* 329-331.

Winter, A., & Winter, R. (2007). *Smart food: Diet and nutrition for maximum brain power.* New York: ASJA Press.

Wurtman, R. J., & Zeisel, S. H. (1982). Brain choline: Its sources and effects on the synthesis and release of acetylcholine. *Aging, 19,* 303-313.

Chapter 6

Adlard, P. A., Perreau, V. M., & Cotman, C. W. (2005). The exercise - induced expression of BDNF within the hippocampus varies across life - span. *Neurology of Aging, 26,* 511-520.

American Sleep Disorders Association. (1997). *International classifi-cation of sleep disorders: Diagnostic and coding manual.* Rochester, MN: Author.

Andreasen, N. C. (2001). *Brave new brain: Conquering mental illness in the era of the genome.* New York: Oxford University Press.

Arden, J. (2009). *Heal your anxiety workbook.* Boston: Fair Winds Press.

Bagely, S. (2007). *Train your brain, change your brain.* New York: Ballantine Books.

Beckner, V., & Arden, J. (2008). *Conquering PTSD.* Boston: Fair Winds Press.

Carro, E., Trejo, J. L., Busiguina, S., & Torres - Aleman, I. (2001). Circulating insulin - like growth factor 1 mediates the protective effects of physical exercise against brain insults of different etiology and anatomy. *Journal of Neuroscience, 21,* 5678-5684.

Cirelli, C. (2005). A molecular window on sleep: Changes in gene expression between sleep and wakefulness. *Neuroscientist, 11,* 63-74.

Cotman, C. W., & Berchtold, N. C. (2002). Exercise: A behavioral intervention to enhance brain health and plasticity. *Trends in Neuroscience, 25,* 295-301.

Fabel, K., Fabel, K., Tam, B., Kaufer, D., Baiker, A., Simmons, N., et al. (2003). VEGF is necessary for exercise - induced adult hippocampus neurogenesis. *European Journal of Neurogenesis, 18,* 2803-2812.

Farmer, J., Zhao, X., Praag, H. van, Wodtke, K., Gage, F. H., & Christie, B. R. (2004). Effects of voluntary exercise on synaptic plasticity and gene expression in the two dentate gyrus of adult male Sprague - Dawley rats in vivo. *Neuroscience, 124,* 71-79.

Ford, E. S. (2002). Does exercise reduce infl ammation · Physical activity and C - reactive protein among U.S. adults. *Epidemiology, 13,* 561-568.

Frank, M. G., Issa, N. P., & Stryker, M. P. (2001). Sleep enhances plasticity in the developing visual cortex. *Neuron, 30,* 275-287.

Geffken, D. F., Cushman, M., Burke, G. L., Polak, J. F., Sakkinen, P. A., & Tracy, R. P. (2001). Association between physical activity and markers of infl ammation in a healthy elderly population. *American Journal of Epidemiology,* 153, 242-260.

Guzman - Marin, R., Suntsova, N., Methippara, M., Greiffenstein, R., Szymusiak, R., & McGinty, D. (2005). Sleep deprivation suppresses neurogenesis in adult hippocampus of rats. *European Journal of Neuroscience, 22* (8), 2111-2116.

Hauri, P. J., & Fischer, J. (1986). Persistent psychophysiologic (learned) insomnia. *Sleep, 9,* 38-53.

Jeannerod, M., & Decety, J. (1995). Mental motor imagery: A window into the representation stages of action. *Current Opinion in Neurobiology, 5,* 727-732.

Kubitz, K. K., Landers, D. M., Petruzzello, S. J., & Han, M. W. (1996). The effects of acute and chronic exercise on sleep. *Sports Medicine, 21* (4), 277-291.

Macquet, P. (2001). The role of sleep in learning and memory. *Science, 294,* 1048-1052.

Manger, T. A., & Motta, R. W. (2005, Winter). The impact of an exercise program on post traumatic stress disorder, anxiety and depression. *International Journal of Emergency Mental Health, 7,* 49-57.

Neeper, S. A., Gomez - Pinilla, F., Choi, J., & Cotman, C. W. (1996).

Physical activity increases mRNA from brain - derived neurotrophic factor and nerve growth factor in the rat brain. *Brain Research, 726,* 49-56.

O'Connor, P. J., & Youngstedt, M. A. (1995). Infl uence of exercise on human sleep. *Exercise and Sport Science Reviews, 23,* 105-134.

Pascual - Leone, A., Dang, N., Cohen, L. G., Brasil - Neto, J. P., Cammarota, A., & Hallet,

M. (1995). Modulation of muscle responses evoked by transcranial magnetic stimulation during the acquisition of new fi ne motor skills. *Journal of Neurophysiology, 74* (3), 1037-1045.

Ratey, J. (2008). *Spark: The revolutionary new science of exercise and the brain.* New York: Little, Brown.

Spiegel, K., Tasali, E., Penev, P., & Van Cauter, E. (2004, December 7). Sleep curtailment in healthy young men is associated with decreased leptin levels, elevated ghrelin levels and increased hunger and appetite. *Annals of Internal Medicine, 141,* 846-850.

Strohle, A., Feller, C., Onken, M., Godemann, F., Heinz, A., & Dimeo, F. (2005, December). The acute anti - panic activity of aerobic exercise. *American Journal of Psychiatry, 162,* 2376-2378.

Swain, R. A., Harris, A. B., Wiener, E. C., Dutka, M. V., Morris, H. D., Theien, B. E., et al. (2003). Prolonged exercise induces angiogenesis and increases cerebral blood volume in primary cortex of the rat. *Neuroscience, 117,* 1037-1046.

Van Praag, H., Shubert, T., Zhao, C., & Gage, F. H. (2005). Exercise enhances learning and hipppocampal neurogenesis in aged mice. *Journal of Neuroscience, 25* (38), 8680-8685.

Chapter 7

Ainsworth, M.D.S., Blehar, M. C., Waters, E., & Wall, S. (1978). *Patterns of attachment: A psychological study of the strange situation.* Hillsdale, NJ: Erlbaum.

Arbib, M. A. (2002). Language evolution: The mirror system hypothesis. In *The handbook of brain theory and neural networks* (2nd ed., pp. 606-611). Cambridge, MA: MIT Press.

Arden, J. (1996). *Consciousness, dreams and self: A transdisciplinary approach.* Madison, CT: International Universities Press.

Bartels, A., & Zekis, S. (2000). The neural basis of romantic love. *Neuro Report, 11,* 3829-3834.

Bassuk, S. S., Glass, T. A., & Berekman, L. F. (1998). Social disengagement and incident cognitive decline in community-dwelling elderly persons. *Annals of Internal Medicine, 131,* 165-173.

Berns, G. S., McClure, S. M., Pagnoni, G., & Montague, P. R. (2001). Predictability modulates human brain response to reward. *Journal of Neuroscience, 21,* 2793-2798.

Chungani, H. (2001). Local brain functional activity following early deprivation: A study of postinstitutional Romanian orphans. *Neuro Image, 14,* 184-188.

Cohen, S. (2004). Social relationships and health. *American Psychologist, 59,* 676-684.

Cohen, S., Doyle, W. J., Turnes, R., Alper, C. M., & Skoner, D. F. (2003). Sociability and susceptibility to the common cold. *Psychological Science, 14* (5), 389-395.

Damasio, A. (2003). *Looking for Spinoza's joy, sorrow, and the feeling brain.* New York: Harcourt.

Field, T. (2001). *Touch.* Cambridge, MA: MIT Press.

Field, T. (2002). Violence and touch deprivation in adolescents. *Adolescence, 37,* 735-749.

Field, T. M., Healy, B., Goldstein, S., & Bendell, D. (1988). Infants of depressed mothers show "depressed" behavior even with nondepressed adults. *Child Development, 59,* 1569-1579.

Fischer, L., Ames, E. W., Chisholm, K., & Savoie, L. (1997). Problems reported by parents of Romanian orphans adopted in British Columbia. *International Journal of Behavioral Development, 20,* 67-87.

Francis, D. D., Diorio, J., Liu, D., & Meany, M. J. (1999). Variations in maternal care form the basis for a non-genomic mechanism of inter-generational transmission of individual differences in behavioral and endocrine responses to stress. *Science, 286* (5442):1155-1158.

Fries, A. B., Ziegler, T. E., Kurian, J. R., Jacoris, S., & Pollak, S. D. (2005, November 22). Early experience in humans is associated with changes in neuropeptides critical for regulating social behavior. *Proceedings of the National Academy of Sciences, 102,* 17237-17240.

Frith, C. D., & Frith, U. (1999). Interacting minds: A biological basis. *Science, 286,* 1692-1695.

Gallese, V. (2001). The shared manifold hypothesis: From mirror neurons to empathy. *Journal of Consciousness Studies, 8* (5-7), 33-50.

Gallese, V., Fadiga, L., Fogassi, L., & Rizzolatti, G. (1996). Action recognition in the premotor cortex. *Brain, 119,* 593-609.

Goleman, D. (2006). *Social intelligence: The new science of human relationships.* New York: Bantam Books.

Goodfellow, L. M. (2003). The effects of therapeutic back massage on psychophysiologic variables and immune function in spouses of patients with cancer. *Nursing Research, 52,* 318-328.

Grossman, K. E., Grossman, K. F., & Warter, V. (1981). German children's behavior toward their mothers at 12 months and their father at 18 months in Ainsworth's Strange

Situation. *International Journal of Behavioral Development, 4,* 157-181.

Gunmar, M. (2001). Effects of early deprivation: Findings from orphanage - reared infants and children. In C. Nelson & M. Luciana (Eds.), *Handbook of developmental cognitive neuroscience (pp.*617-629). Cambridge, MA: MIT Press.

Iacoboni, M. (2008). *Mirroring people*. New York: Farrar, Straus & Giroux.

Ijzendoorn, M. H. van, & Bakerman - Kranenburg, M. J. (1997). Intergenerational transmission of attachment: A move to the contextual level. In L. Atkinson & K. Zucker (Eds.), *Attachment and psychopathology* (pp.135-170). New York: Guilford Press.

Kiecolt - Glaser, J. K., Rickers, D., George, J., Messick, G., Speicher, C. E., Garner, W., et al. (1984). Urinary cortisol levels, cellular immunocompetency, and loneliness in psychiatric inpatients. *Psychosomatic Medicine, 46* (1), 15-23.

Kosfeld, M., Heinrichs, M., Zak, P. J., Fischbacher, V., & Fehr, E. (2005). Oxytocin increases trust in humans. *Nature, 435* (7042), 673-676.

Koski, L., Iacoboni, M., Dubeau, M. C., Woods, R. P., & Mazziotta, J. C. (2003). Modulation of cortical activity during different imitative behaviors. *Journal of Neurophysiology, 89,* 460-471.

Kuhn, C. M., & Shanberg, S. M. (1998). Responses to maternal separation: Mechanisms and mediators. *International Journal of Developmental Neuroscience, 16,* 261-270.

Lepore, S. J., Allen, K. A. M., & Evans, G. W. (1993). Social support lowers cardiovascular reactivity to an acute stress. *Psychosomatic Medicine, 55,* 518-524.

Main, M., & Goldwyn, R. (1994). *Adult attachment scoring and classifi cation system.* Unpublished manuscript, University of California, Berkeley.

McClelland, D., McClelland, D. C., & Kirchnit, C. (1988). The effect of motivational arousal through fi lms on salivary immunoglobulin. *Psychology and Health, 2,* 31-52.

Meany, M. J., Aitken, D. H, Viau, V., Sharma, S., & Sarrieau, A. (1989). Neonatal handling alters adrenocortical negative feedback sensitivity in hippocampal type II glucocorticoid receptor binding in the rat. *Neuroendocrinology, 50,* 597-604.

Mesulam, M. M. (1998). From sensation to cognition. *Brain, 121,* 1013-1052.

Miller, G. (2005). New neurons strive to fi t in. *Science, 311,* 938-940.

Mikulincer, M., Saber, P. R., Gillath, O., & Nitzberg, R.A. (2005, November). Attachment, caregiving and altruism: Boosting attachment security increases compassion and helping. *Journal of Personality and Social Psychology, 89,* 817-839.

Mikulincer, M., & Shaver, R. (2001, July). Attachment theory and intergroup bias: Evidence that priming the secure base schema attenuates negative reactions to outgroups. *Journal of Personality and Social Psychology, 81,* 97-115.

Miyake, K., Chen, S., & Campos, J. (1985). Infant temperment, mother's mode of interaction, and attachment in Japan. In I. Bretheron & E. Waters (Eds.), *Growing points in attachment theory and research* (pp.276-297). Ann Arbor, MI: Society for Research in Child Development.

Panksepp, J. (1998). *Affective neuroscience: The foundations of human and animal emotions.* New York: Oxford University Press.

Philips, M. L., Young, A. W., Senior, C., Brammer, M., Andrew, C., Calder, A. J., et al. (1997). A specific substrate for perceiving facial expression of disgust. *Nature, 389,* 495-498.

Remington, R. (2002). Calming music and hand massage with agitated elderly. *Nursing Research, 54,* 317-323.

Rizzolatti, G., & Arbib, M. A. (1998). Language within our grasp. *Trends in Neurosciences, 21* (5), 188-194.

Rolls, E. T., O'Doherty, J., Kringelbach, M. L., Francis, S., Bowtell, R., & McGlone, F. (2003). Representations of pleasant and painful touch in the human orbital frontal and cingulated cortices. *Cerebral Cortex, 13,* 308-317.

Russell, D. W., & Cutrona, C. E. (1991). Social support, stress, and depression symptoms among the elderly: Test of a process model. *Psychology and Aging, 6,* 190-201.

Rutter, M., Kreppner, J., & O'Connor, T. (2001). Specifi city and heterogeneity in children's responses to profound institutional deprivation. *British Journal of Psychiatry, 179,* 97-103.

Saarni, C., Mumme, D. L., & Campos, J. J. (2000). Emotional development: Action, communication, and understanding. In W. Damon & N. Eisenberg (Eds.), *Handbook of child psychology: Vol. 3. Social, emotional, and personality development* (5th ed., pp. 237-309). Hoboken, NJ: Wiley.

Sabbagh, M. A. (2004). Understanding orbital frontal contributions to the theory-of-mind reasoning: Implications for autism. *Brain and Cognition, 55,* 209-219.

Sapolsky, R. M. (1990). Stress in the wild. *Scientific American, 262*, 116-123.

Siegal, D., & Varley, R. (2002). Neural systems involved in the "theory of mind." *Nature Reviews Neuroscience, 3,* 267-276.

Shaver, P. (1999). In J. Cassidy & P. Shaver (Eds.), *Handbook of attachment theory: Research and clinical applications.* New York: Guilford Press.

Spitzer, S. B., Llabre, M. M., Ironson, G. H., Gellman, M. D., & Schneiderman, N. (1992).

The infl uence of social situations on ambulatory blood pressure. *Psychosomatic Medicine, 54,* 79-86.

Thomas, P. D., Goodwin, J. M., & Goodwin, J. S. (1985). Effect of social support on stress related changes in cholesterol level, uric acid level, and immune function in an elderly sample. *American Journal of Psychiatry, 142,* 732-737.

Wallin, D. (2007). *Attachment in psychotherapy.* New York: Guilford Press.

Weaver, I. C. G., Cervoni, N., Champagne, F. A., D ' Alessio, A. C., Sharma, S., Seckl, J. R., et al. (2004, August). Epigenetic programming by maternal behavior. *Nature Neuroscience, 7,* 847-854.

Weller, A., & Feldman, R. (2003). Emotion regulation and touch in infants: The role of cholecystokinin and opiods. *Peptides, 24,* 779-788.

Wexler, B. (2006). *Brain and culture: Neurobiology, ideology, and social change.* Boston: MIT Press.

Chapter 8

Abbott, R., White, L. R., Ross, G. W., Masaki, K. H., Curb, J. D., & Petrovitch, H. (2004,

September 22). Walking and dementia in physically capable elderly men. *Journal of the American Medical Association, 292,* 1447-1453.

Alexander, G. E., Furey, M. L., Grady, C. L., Pietrini, P., Brady, D. R., Mentis, M. J., et al. (1997). Association of premorbid intellectual function with cerebral metabolism in Alzheimer's disease: Implications for the cognitive reserve hypothesis. *American Journal of Psychiatry, 154,* 165-172.

Allen, J. S., Bruss, J., Brown, C. K., & Damasio, H. (2005). Normal neuroanatomical variation due to age: The major lobes and a parcellation of the temporal region. *Neurobiology of Aging, 26,* 1245-1260.

Anokhin, A. P., Bibaumer, N., Lutzenberger, W., Niholaev, A., & Vogel, F. (1996). Age increases brain complexity. *Electroencephalography and Clinical Neurophysiology, 99,* 63-68.

Bartzokis, G., Cummings, J. L., Sultzer, D., Henderson, V. M., Nuechtherlein, K. H., & Mintz, J. (2004). White matter structural integrity in healthy aging adults and patients with Alzheimer's disease. *Archives of Neurology, 60,* 393-398.

Bellert, J. L. (1989). Humor: A therapeutic approach in oncology nursing. *Cancer Nursing, 12* (2), 65-70.

Berk, L. S., Tan, S. A., Nehlsen - Cannrella, S., Napier, B. J., Lee, J. W., Lewis, J. E., & Hubbard, R. W. (1988). Humor-associated laughter decreases cortisol and increases spontaneous lymphocyte blastogenesis. *Clinical Research, 36,* 435A.

Bigler, E. D., Anderson, C. V., & Blatter, D. D. (2002). Temporal lobe morphology in normal aging and traumatic brain injury. *American Journal of Neuroradiology, 23,* 255-266.

Cabeza, R. (2002). Hemispheric asymmetry reduction in older adults. The HAROLD model. *Psychology and Aging, 17* (1), 85-100.

Cabeza, R., Anderson, N. D., Locantore, J. K., & McInosh, A. (2002). Aging gracefully: Compensatory brain activity in high performing older adults. *NeuroImage, 17,* 1394-1402.

Cozolino, L. (2008). *The healing aging brain.* New York: Norton.

Davidson, R. J., Jackson, L., & Kalin, N. H. (2000). Emotion, plasticity, context, and regulation. *Psychological Bulletin, 126,* 316-321.

De Maritino, B., Kumaran, D., Seymour, B., & Dola, R. J. (2006). Frames, biases, and rational decision - making in the human brain. *Science, 313,* 684-687.

Deaner, S. L., & McConatha, J. T. (1993). The relationship of humor to depression and personality. *Psychological Reports, 72,* 755-763.

Fry, W. F. Jr. (1992). The physiological effects of humor, mirth, and laughter. *Journal of the American Medical Association, 267* (4), 1874-1878.

Gunning - Dixon, F. M., Head, D., McQuain, J., Acker, J. D., & Raz, D. (1998). Differential aging of the human striatum: A prospective MR imaging study. *American Journal of Neuroimaging, 19,* 1501-1507.

Gustafson, D., Lissner, L., Bengtsson, C., Bj ö rkelund, C., & Skoog, I. (2004). A 24 - year follow - up of body mass index and cerebral atrophy. *Neurology, 63,* 1876-1881.

Hayashi, T., Urayama, O., Kawai, K., Hayashi, K., Iwanaga, S., Ohta, M., et al. (2006). Laughter regulates gene expression in patients with type 2 diabetes. *Psychotherapy and Psychosomatics, 75,* 62-65.

Kuhn, C. C. (1994). The stages of laughter. *Journal of Nursing Jocularity, 4* (2), 34-35.

Lawrence, B., Myerson, J., & Hale, S. (1998). Differential decline on verbal and visual spatial processing speed across the adult life span. *Aging, Neuropsychology, and Cognition, 5* (2), 129-146.

Levine, B., (2004). Autobiographical memory and the self in time: Brain lesion effects, functional neuroanatomy, and lifespan development. *Brain and Cognition, 55,* 54-68.

Maddi, S. R. & Kobasa, S. C. (1984). *The hardy executive*. Homewood, Ill: Dow Jones - Irwin.

Martin, R. A., Kuiper, N. A., Olinger, L. J., & Dance, D. A. (1993). Humor, coping with stress, self - concept, and psychological well - being. *Humor: International Journal of Humor Research, 6* (1), 89-104.

Maruta, I., Colligan, R. C., Malinchoc, M., & Offord, K. P. (2002). Optimism - pessimism assessed in the 1960s and self - reported health status 30 years later. *Mayo Clinic Proceedings, 77,* 748-753.

McEwen, B. S. (1998). Stress, adaptation, and disease: Allostasis and allostatic load. *Annals of the New York Academy of Science, 8,* 840-844.

McEwen, B. S., & Stellar, E. (1993). Stress and individual - mechanisms leading to disease. *Archives of Internal Medicine, 153,* 2093-2101.

McEwen, B., & Wingfi eld, J. C. (2003). The concept of allostasis in biology and biomedicine. *Hormones and Behavior, 43,* 2-15.

Mobbs, D., Greicius, M. D., Abdel - Azim, E., Menon, V., & Reiss, A. L. (2003). Humor modulates the mesolimbic reward centers. *Neuron, 40,* 1041-1048.

Morrison, J. H., & Hoff, P. R. (2003). Changes in cortical circuits during aging. *Clinical*

Neuroscience Research, 2, 294-304.

Pearce, J. M. S. (2004). Some neurological aspects of laughter. *European Neurology, 52,* 169-171.

Raz, N., Gunning, F. M., Head, D., Dupuis, J. H., McQuain, J., Briggs, S. D., et al. (1997). Selective aging of the human cerebral cortex observed in vivo: Differential vulnerability of the prefrontal gray matter. *Cerebral Cortex, 7,* 268-282.

Raz, N., Gunning, F. M., Head, D., Williamson, A., & Acker, J. D. (2001). Age and sex differences in the cerebellum and the ventral pons: A prospective MR study of healthy adults. *American Journal of Neuroradiology, 22,* 1161-1167.

Reuter - Lorenz, P. A., Stanczak, K. L., & Miller, A. C. (1999). Neural recruitment and cognitive aging: Two hemispheres are better than one, especially as you age. *Psychological Science, 10,* 494-500.

Richards, M., & Deary, I. J. (2005). A life course approach to cognitive reserve: A model for cognitive aging and development · *Annals of Neurology, 58,* 617-622.

Salat, D. H., Buckner, R. L., Synder, A. Z., Greve, D. N., Desikan, R. S. R., Busa, E., et al. (2004). Thinning of the cerebral cortex in aging. *Cerebral Cortex, 14,* 721-730.

Salat, D. H., Kaye, J. A., & Janowsky, J. S. (2001). Selective preservation and degeneration within the prefrontal cortex in aging and Alzheimer's disease. *Archives of Neurology, 58,* 1403-1408.

Schmidt, L. A. (1999). Frontal brain electrical activity in shyness and sociability. *Psychological Sciences, 10,* 316-321.

Seeman, T. E., Lusignolo, T. M., Albert, M., & Berkman, L. (2001).

Social relationships, social support, and patterns of cognitive aging in healthy, high-functioning older adults. *Health Psychology, 4,* 243-255.

Seligman, M. (2001). Optimism, pessimism and mortality. *Mayo Clinic Proceedings, 75* (2), 133-134.

Singer, B., & Ryff, C. D. (1999). Hierarchies of life histories and associated health risks. *Annals of the New York Academy of Sciences, 896,* 96-116.

Snowden, D. (1997). *Aging with grace: What the Nun Study teaches us about leading longer, healthier, and more meaningful lives.* New York: Bantam Books.

Sowell, E. R., Peterson, P. M., Thompson, P. M., Welcome, S. E., Henkenius, A. L., & Toga, A. W. (2003). Mapping cortical change across the human life span. *Nature Neuroscience, 2,* 850-861.

Sterling, P., & Eyer, J. (1988). Allostasis: A new paradigm to explain arousal pathology. In S.

Fischer & J. Reason (Eds.), *Handbook of stress, cognition, and health* (pp.269-249). Hoboken, NJ: Wiley.

Sullivan, E. V., Marsh, L., Mathalon, D. H., Lim, K. O., & Pfefferbaum, A. (1995). Age - related decline in MRI volumes in temporal lobe gray matter but not hippocampus. *Neurobiology of Aging, 16,* 591-606.

Sullivan, R. M., & Gratton, A. (2002). Prefrontal cortical regulation of hypothalamic - pituitary - adrenal function in the rat and implications for psychopathology: Side matters. *Psychoneuroendochrinology, 27,* 99-114.

Takahashi, K., Iwase, M., Yamashita, K., Tatsumoto, Y., Ve, H., Kurasune, H., et al. (2001). The elevation of natural killer cell activity induced by laughter in a crossover designed study. *International Journal of Molecular Medicine, 8,* 645-650.

Tang, Y., Nyengaard, J. R., Pakkenberg, B., & Gundersen, H. J. (1997). Age - induced white matter changes in the human brain: A stereological investigation. *Neurobiology of Aging, 18,* 609-615.

Taylor, S. E., Kemeny, M. E., Reed, G. M., Bower, J. E., & Gruenewald, T. L. (2000). Psychological resources, positive illusions, and health. *The American Psychologist, 5,* 99-109.

Terry, R. D., DeTeresa, R., & Hansen, L. A. (1987). Neocortical cell counts in normal human adult aging. *Annals of Neurology, 21,* 530-539.

Tessitore, A., Hariri, A. R., Fera, F., Smith, W. G., Das, S., Weinberger, D. R., et al. (2005). Functional changes in the activity of brain regions underlying emotion processes in the elderly. *Psychiatry Research: Neuroimaging, 139,* 9-18.

Vaillant, G. E. (2002). *Aging well: Surprising guide points to a happier life from the landmark Harvard study of adult development.* Boston: Little, Brown.

Van Patten, C., Plante, E., Davidson, P. S. R., Kuo, T. Y., Bjuscak, L., & Glisky, E.L. (2004). Memory and executive function in older adults: Relationships with temporal and prefrontal volumes and white matter hyperintensities. *Neuropsychologia, 42*, 1313-1335.

Whalley, L. J. (2001). *The aging brain.* New York: Columbia University Press.

Whalley, L. J., Deary, I. J., Appleton, C. L., & Starr, J. M. (2004). Cognitive reserve and the neurobiology of cognitive aging. *Aging Research Reviews, 3,* 369-382.

Willis, M. W., Ketter, T. A., Kimbell, T. A., George, M. S., Herscovitch, P., Danielson, A. L., et al. (2002). Age, sex, and laterality effects on cerebral glucose metabolism in healthy adults. *Psychiatry Research Neuroimaging, 114,* 23-37.

Wilson, R. S., Beckett, L. A., Barnes, L. L., Schneider, J. A., Bach, J., Evan, D. A., et al. (2002). Individual differences in rates of change in cognitive abilities of older persons. *Psychology and Aging, 17,* 179-193.

Wooten, P. (1996). Humor: An antidote for stress. *Holistic Nursing Practice, 10* (2), 49-55.

Wueve, J., Kang, J. H., Manson, J. E., Breteler, M.M.B., Ware, J. H., & Grodstein, F. (2004, September). Physical activity, including walking, and cognitive function in older women. *Journal of the American Medical Association, 292,* 1452-1461.

Yoder, M. A., & Haude, R. H. (1995). Sense of humor and longevity. Older adults'self - ratings for deceased siblings. *Psychological Reports, 76,* 945-946.

Yovetich, N. A., Dale, J. A., & Hudak, M. A. (1990). Benefi ts of humor in the reduction of threat - induced anxiety. *Psychological Reports, 66,* 51-58.

Chapter 9

Arden, J. (2003). *America's meltdown.* Westport, CT: Praeger.

Aron, A. R., Robins, T. W., & Poldrack, R. A. (2004). Inhibition and the right inferior cortext. *Trends in Cognitive Sciences, 8,* 170-177.

Baxter, L. R. Jr., Schwartz, J. M., Bergman, K. S., Szuba, M. P., Guze, B. H., Mazziotta, J. C., et al. (1992). Caudate glucose metabolic rate changes with both drug and behavior therapy for obsessive - compulsive disorder. *Archives of General Psychiatry, 46*, 681-689.

Cahn, B. R., & Polich, J. (2006). Meditation states and traits: EEG, ERP, and neuroimaging studies. *Psychological Bulletin, 132* (2), 180-211.

Christakis, D. A., Zimerman, F. J., DiGiuseppe, D. L., & McCarty, C. A. (2004). Early television exposure and subsequent attentional problems in children. *Pediatrics, 113* (4), 708-713.

Cresswell, J. D., Way, B. M., Eisenberg, N. I., & Lieberman, M. D. (2007). Neural correlates of dispositional mindfulness during affective labeling. *Psychosomatic Medicine, 18,* 211-237.

Davidson, R. J., Jackson, L., & Kalin, N. H. (2000). Emotion, plasticity, context, and regulation. *Psychological Bulletin, 126,* 890-909.

Davidson, R. J., Kabat - Zinn, J., Schumacher, J., Rosenkranz, M., Muller, D., Santorelli, S. F., et al. (2003). Alterations in brain and immune function produced by mindfulness meditation. *Psychosomatic Medicine, 65,* 564-570.

Fehmi, L., & Robbins, J. (2007). *Open focus brain: Harnessing the power of attention to heal the mind and the body*. Boston: Trumpter.

Hariri, A. R., Bookheimer, S. Y., & Mazziotta, J. C. (2000). Modulating emotional responses: Effects of a neocortical network on the limbic system. *NeuroReport, 11,* 43-48.

Kabat - Zinn, J. (1990). *Full catastrophe living: Using the wisdom of your body and mind to face stress, pain, and illness.* New York: Delta.

Kalisch, R., Wiech, K., Critchley, H. D., Seymour, B., O'Dohery, J. P., Oakley, D. A., et al. (2005). Anxiety reduction through detachment, subjective, physiological and neural effects. *Journal of Cognitive Neuroscience, 17,* 874-883.

Kuber, R., & Csikszentimihalyi, M. (2002, February 23). Television addiction is no mere metaphor. *Scientifi c American, 286*(2), 79-86.

Lazar, S. W., Kerr, C. E., Wasserman, R. H., Gray, J. R., Greve, D. N., Treadway, M. T., et al. (2005). Meditation experience is associated with increased cortical thickness. *NeuroReport, 16* (17), 1893-1897.

Lieberman, M. D., Eisenberger, N. I., Crockett, M. D., Tom, S. M., Pfeifer, J. H., & Way, B. (2004). Putting feelings into words: Affective labeling disrupts amygdala activity in response to affective stimuli. *Psychological Science, 18* (5), 421-428.

Linehan, M. (1993). *Cognitive - behavioral treatment of borderline personality disorder.* New York: Guilford Press.

Lutz, A., & Davidson, R. (2004). *A neural correlate of attentional expertise in long - term Buddhist practitioners.* Slide presentation at the Society for Neuroscience, Cambridge, MA.

Lutz, A., Greischar, L. L., Rawlings, N. B., Richard, M., & Davidson, R. J. (2004, November 6). Long-term meditators self-induce high-amplitude gamma synchrony during mental practice. *Proceedings of the National Academy of Sciences, 101,* 16369-16373.

Niebur, E., Hsiao, S. S., & Johnson, K. O. (2002). Synchrony: A neuronal mechanism for attentional selection? *Current Opinion in Neurobiology, 12* (2), 190-195.

Ochsner, K. N., Bunge, S. A., Gross, J. J., & Gabrieli, J.D.E. (2002). Rethinking feelings: An fMRI study of the cognitive regulation of emotion. *Journal of Cognitive Neuroscience, 14,* 1215-1229.

Segal, Z. V., Williams, J. M. G., & Teasdale J. D. (2002). *Mindfulness - based cognitive therapy for depression.* New York: Guilford Press.

Siegel, D. J. (2007). *The mindful brain: Reflection and attunement in the cultivation of well - being.* New York: Norton.

大腦升級2.0，鍛鍊更強大的自己
──重新連結，你可以更聰明更健康更積極更成長

作　　者──約翰·B.雅頓（John B. Arden）
譯　　者──黃延峰
特約編輯──洪禎璐

發 行 人──蘇拾平
總 編 輯──蘇拾平
編 輯 部──王曉瑩
行 銷 部──陳詩婷、曾曉玲、曾志傑、蔡佳妘
業 務 部──王綬晨、邱紹溢

出版社──本事出版
台北市松山區復興北路333號11樓之4
電話：(02) 2718-2001　傳眞：(02)2718-1258
E-mail：andbooks@andbooks.com.tw
發　行──大雁文化事業股份有限公司
地址：台北市松山區復興北路333號11樓之4
電話：(02)2718-2001
傳眞：(02)2718-1258
美術設計──POULENC
內頁排版──陳瑜安工作室
印　　刷──上晴彩色印刷製版有限公司
2018年 03 月初版
2020年 10 月30日初版8刷
定價　400元

Rewire Your Brain: Think Your Way to a Better Life
by John B. Arden

ISBN 978-957-9121-22-4

國家圖書館出版品預行編目資料
大腦升級2.0，鍛鍊更強大的自己──重新連結，你可以更聰明更健康更積極更成長
約翰．B.雅頓（John B. Arden）/著 黃延峰 / 譯 ---.初版.─ 臺北市；
譯自：Rewire Your Brain: Think Your Way to a Better Life
本事出版　：大雁文化發行， 2018 年 03 月　面　；　公分. –
ISBN 978-957-9121-22-4（平裝）
1.神經生理學 2..腦部 3.健康法
398.2　　　　107000392